Sofie Meys

Schneckenalarm!

Sofie Meys

Schneckenalarm!

So machen Sie Ihren Garten zur schneckenberuhigten Zone

mit Cartoons von Renate Alf

pala
verlag

Für Christian, Andrea, Corinna und Lisa

Inhalt

Machen Sie Ihren Garten zur schneckenberuhigten Zone

Kaum ein Tier wird von Gärtnern so gefürchtet oder geradezu gehasst wie die oftmals als Schädling eingestufte Nacktschnecke. Stetig größer werdende Schneckeninvasionen trüben die Freude am Garten doch erheblich. Allzu oft wird hierbei nicht einmal zwischen Nackt- oder Gehäuseschnecke unterschieden und praktisch jede von ihnen für einen entstandenen Fraßschaden verantwortlich gemacht. Seltsamerweise immer an den Pflanzen, die einem am meisten am Herzen liegen.

In der Tat ist der Schaden oft erheblich und man kann über den immensen Appetit der ansonsten so gemächlich wirkenden Tiere nur staunen. Schon so mancher Gartentraum wurde in einer einzigen Nacht zunichte gemacht. Viele Hobbygärtner haben den Kampf gegen die anscheinend immer zahlreicher auftretenden Nacktschnecken aufgegeben oder greifen als letzte Möglichkeit zur chemischen Keule in Form von giftigem

Schneckenkorn. Daneben sterben nicht wenige Schnecken einen mehr oder weniger qualvollen Tod durch Zerstückeln, Zerschneiden oder Überbrühen mit kochendem Wasser. Manch ein Gärtner bestreut sie gar mit Salz, ertränkt sie in Bier oder wirft sie in Salzsäure. Schneckenmord, in welcher Form auch immer, scheint auch in sonst eher friedliebenden Gärtnerkreisen modern zu sein.

Doch sollte man es so weit gar nicht erst kommen lassen und der Einsatz von Gift im Garten muss auch nicht sein.

Leider ist durch die globalen Veränderungen des Klimas und des Wetters keine Hilfe gegen die Schneckenplage zu erwarten. Wie es aussieht, werden die prognostizierten Veränderungen des Klimas in Mitteleuropa dem Entwicklungszyklus der Land-schnecken sehr entgegenkommen. Vor allem die milden Winter sorgen für reichlichen Schneckennachwuchs.

Wer sich jedoch mit den ökologischen Funktionen von Tie-ren und Pflanzen im Garten beschäftigt, wird schnell erkennen, dass das Schneckenproblem immer auch ein Symptom für ein Ungleichgewicht ist, das man am ehesten in den Griff bekommt, indem man im Garten ein biologisches Gleichgewicht herstellt.

Schnecken sind auch nützlich

Dass Schnecken nicht nur schädlich sind, wissen die wenigs-ten Menschen. Doch sie spielen im biologischen Gefüge eines Gartens eine nicht zu unterschätzende Rolle:

Eine Unmenge an biologischem Material wird von ihnen umgesetzt und dabei in fruchtbare Erde verwandelt. Manchmal rücken Schnecken regelrecht als Säuberungskommando an und vertilgen altes, gammeliges Obst wie verfaulte Kirschen oder Pflaumen, die oft zu Tausenden unter den Bäumen lie-gen bleiben. Auf diese Weise verhindern die Tiere, dass sich

Krankheiten unkontrolliert ausbreiten können. Schon allein aus diesem Grund sollte niemals die Ausrottung aller Schnecken das Ziel eines Gärtners sein.

Schnecken erfüllen wichtige Funktionen im Garten. Wer sie ausrottet, bringt das biologische Gleichgewicht in seinem Garten durcheinander und schafft mehr Probleme, als er zu lösen meint. Denn ein Übermaß an Nacktschnecken ist wie ein Krankheitssymptom, das erst dann verschwindet, wenn man die Ursache für die Krankheit beseitigt: Packt man das Übel an der Wurzel, bringt den Garten also wieder ins Gleichgewicht, verschwindet auch das lästige Schneckenproblem. Gefräßige Nacktschnecken werden dann ganz automatisch zur Nebensache. Es gilt also zunächst einmal, neue Ziele zu definieren. Wäre es beispielsweise vorstellbar, eines Tages beim Anblick einer Schnecke nur noch deren Schönheit zu bewundern? Wohl wissend, hier einen nützlichen Gartenhelfer vor sich zu haben, der sich als Lohn für seine Arbeit zwar hin und wieder einen Bissen vom Salat nimmt, im Garten jedoch so selten vorkommt, dass man den geringfügigen »Schaden« nicht einmal bemerkt?

Ein unerreichbarer Wunschtraum? Oder eher eine Vision, die jeden Gärtner mit Schrecken erfüllt?

Bevor dieses Buch nun gleich ungelesen in der nächsten Ecke landet, sollte man vielleicht doch erst einen neugierigen Blick hinter die schleimige Fassade der unerwünschten Kriechtiere werfen und sich eingehender mit den kleinen Widersachern beschäftigen.

Danach gibt es dann auch massenhaft Tipps zur schnellen oder auch dauerhaften Lösung des Schneckenproblems.

Versprochen!

Kleine Schneckenkunde

Nach den Gliederfüßern bilden die Weichtiere oder Mollusken *(Mollusca)* den zweitgrößten Stamm im Tierreich. Der wissenschaftliche Begriff *Mollusca* leitet sich vom lateinischen Wort *mollis* sowie dem griechischen Wort *malakos* ab, die beide »weich« bedeuten. Die Wissenschaft der Weichtierkunde wird als Malakologie bezeichnet.

Neben den Schnecken, welche zur Klasse der Bauchfüßer oder Gastropoden *(Gastropoda)* gehören, zählen auch Muscheln und Tintenfische zum Stamm der Mollusken.

Die ersten bekannten Weichtierfossilien stammen aus dem frühen Kambrium und sind demnach etwa 600 Millionen Jahre alt.

Alle Schnecken stammen ursprünglich aus dem Meer. Im Verlauf von Jahrmillionen ist es ihnen gelungen, nahezu jeden Lebensraum auf der Erde zu besiedeln. Durch Anpassung und Spezialisierung sind über 105 000 Schneckenarten entstanden. Von ihnen leben etwa 70 000 Arten im Meer, 10 000 im Süßwasser und 25 000 auf dem Land, davon 2000 allein auf dem europäischen Festland.

In Anpassung an das Landleben bildeten sich die Kiemen zurück und wurden durch eine Lunge ersetzt. Zu diesen Lungenschnecken *(Pulmonata)* gehören neben allen Landschnecken auch einige Wasserschnecken. So atmen viele Süßwasserschneckenarten, die wir aus dem heimischen Gartenteich kennen, wie etwa die Spitzhornschnecke *(Lymnaea stagnalis)* oder die Posthornschnecke *(Planorbarius corneus),* mithilfe von Lungen.

Die kleinsten Schnecken messen weniger als einen Millimeter, die größten Schnecken können das unglaublich erscheinende Ausmaß von über einem Meter erreichen.

Vielfältige Anpassung

Als Anpassung an Lebensräume und Nahrung entstanden unterschiedliche und teils ungewöhnlich erscheinende Besonderheiten, die den einzelnen Arten ein Überleben in ihren jeweiligen Nischen sichern:

- Giftige Meeresschnecken etwa erlegen ihre Beute mit Harpunenzähnen, wieder andere lauern Muscheln auf.
- Die im Flachwasser von Nordsee und Atlantik lebende Raue Strandschnecke *(Littorina saxatilis)* legt keine Eier, wie es bei Schnecken normalerweise üblich ist, sondern bringt ihre Jungen lebend zur Welt.
- Manchmal wurden im Verlauf der Evolution früher vorhandene Fähigkeiten auch wieder abgelegt. So haben einige, ausschließlich unterirdisch lebende Schneckenarten wie die Blindschnecke *(Cecilioides acicula)* mit der Zeit ihr Sehvermögen vollständig verloren, da sie es in ihrem Lebensraum nicht mehr benötigen.
- Besonders hartnäckig können auf dem Land lebende Raubschnecken sein. Mithilfe ihres besonders ausgeprägten Geruchssinnes verfolgen einige Arten ihre Beute sogar bis auf Bäume hinauf. Einheimische Raubschnecken ernähren sich überwiegend von kleinen Schnecken, Insektenlarven und Regenwürmern. Mit den sichelförmigen Zähnen ihrer Raspelzunge (Radula) packen sie die Beute und lassen sie lebendig in ihrem Schlund verschwinden. Da ein erbeuteter Regenwurm nicht selten länger ist als die Schnecke selbst, wird er oftmals an einem Ende bereits verdaut, während sein anderes Ende noch aus dem Maul der Schnecke herausschaut. Bei der Verfolgung ihrer Beute stellen selbst

kleinere Flüsse keine Hindernisse für die Raubschnecken dar: Sie geben nicht auf, bis sie ihr Beutetier endlich erlegt haben.

Die räuberische Rosige Wolfsschnecke *(Euglandina rosea)* besitzt eigens hierzu besonders lange, fühlerartig ausgeprägte Lippen, mit welchen sie sich in ihrer Umgebung orientiert. Ihr Hauptverbreitungsgebiet reicht von Süd- über Mittelamerika bis in die südöstlichen Vereinigten Staaten.

Auch in Europa gibt es räuberische Schnecken. Eine Art, die sich in ihrer Ernährung auf andere Schnecken spezialisiert hat, ist die Dalmatinische Raubschnecke *(Poiretia cornea)*. Sie ernährt sich überwiegend von Deckelschnecken, ihr Vorkommen ist allerdings auf den Mittelmeerraum begrenzt.

Aber auch manche unserer im Garten lebenden Wegschnecken begeben sich auf der Suche nach Futter mitunter kurzfristig ins Wasser. Offenbar haben sie noch nicht ganz vergessen, wo sie ursprünglich einmal herkamen.

Die häufigsten Schnecken im Garten

Für Gärtnerinnen und Gärtner besonders interessant – und gleichzeitig auch problematisch – sind diejenigen Schneckenarten, die sich an ein Leben ganz in der Nähe des Menschen angepasst haben und ihm bis in seine sorgfältig gestalteten Gärten und Parks gefolgt sind. Als sogenannte Kulturfolger profitieren diese Schnecken von menschlichen Eingriffen in die Natur, sei es das Umpflügen von Ackerflächen, Anpflanzen von Monokulturen oder Aufschichten von Komposthaufen, wodurch komfortable Unterschlüpfe und ein stets reichlich gedeckter Tisch entstehen. Es handelt sich hier um einige wenige Schneckenarten, die in Gärten häufiger vorkommen und die jeder Gärtner unbedingt kennen sollte, denn wie heißt es so schön: Gefahr erkannt, Gefahr gebannt!

Wegschnecken

Große Wegschnecken – *Arion rufus* und *Arion ater*
Ist es ein Zufall, dass sich »Schnecken« auf »Schrecken« reimt oder sind vielleicht die Großen Wegschnecken schuld daran, da bei ihrem Anblick den meisten Gärtnern ein gehöriger Schreck in die Glieder fährt?

Molluske Kostbarkeiten

Weichtiere hatten schon immer eine große Bedeutung für Kunst und Handel. So übt die geometrisch regelmäßige Schale des Nautilus, eines urtümlichen Meeresbewohners, auf den Menschen eine ebenso große Faszination aus wie auch die spiralige Form der Schneckenhäuser. Sie inspirierten Künstler immer wieder aufs Neue und finden sich in zahlreichen Kunstwerken wieder.

Schon seit Jahrhunderten werden Perlen der Perlmuscheln sowie das Perlmutt aus dem Inneren der Schalen von Muscheln und Schnecken in der Schmuckindustrie verarbeitet.

Einen besonderen Stellenwert hatten die Kaurischnecken im afrikanischen Raum. Über Jahrhunderte hinweg wurden diese hübschen Schneckenhäuschen als Zahlungsmittel verwendet. Erst im 20. Jahrhundert wurde diese Währung offiziell abgeschafft. Der lateinische Name einer Kaurischneckenart erinnert noch heute an diese Zeit. Nach *moneta* (lateinisch Münze) erhielt sie den lateinischen Namen *Monetaria moneta*.

Es gibt zwei Arten der Großen Wegschnecke: die Rote Weg-schnecke *(Arion rufus)* und die Schwarze Wegschnecke *(Arion ater)*. Diese beiden Nacktschneckenarten gehören nun wirklich nicht gerade zu den beliebtesten Gästen im Garten. Kaum jemand freut sich beim Anblick der schleimig glänzenden, etwa zwei Zentimeter breiten und bis zu 15 Zentimeter lang werdenden Wegschnecken, gelten sie doch allgemein als die gefräßigsten aller Schneckenarten. Ob dem wirklich so ist, wird im Folgenden zu lesen sein.

Wegschnecken treten in vielen verschiedenen Farbtönen von hellem Rot bis zu tiefem Schwarz auf. Diese Farbunterschiede werden durch äußere Faktoren hervorgerufen, wie Ernährung oder Klima, wobei die Rote Wegschnecke häufiger in Rottönen erscheint. *Arion ater*, die Schwarze Wegschnecke, ist meist dunkler und tritt vor allem in den nördlicheren Gegenden Mitteleuropas auf. Die durchschnittliche Länge dieser beiden Schneckenarten beträgt etwa acht Zentimeter.

Wie alle im Folgenden beschriebenen Schnecken sind auch die Wegschnecken Zwitter (Hermaphroditen). Jedes Tier ist also in der Lage, Eier zu legen. Die Paarung der einheimischen Großen Wegschnecken erfolgt im September. Frühestens ab Oktober finden wir die Eigelege in Erdritzen oder -spalten sowie unter Brettern, Steinen oder Laub versteckt. Bis zu 200 Eier kann solch ein Gelege enthalten. Die Mehrzahl der Jung-tiere schlüpft an den ersten warmen Tagen des kommenden Frühlings. Die weißlichen und anfangs noch weniger als einen Zentimeter langen Jungschnecken machen sich sofort auf Futtersuche. Etwa im Juli sind sie ausgewachsen. Eine Große Wegschnecke legt in einer Nacht etwa 20 bis 25 Meter zurück. Pro Jahr wird nur eine Generation gebildet. Die Lebensdauer einer Großen Wegschnecke beträgt in der Regel einen Sommer, gelegentlich überwintern auch erwachsene Tiere.

Spanische Wegschnecke, Kapuzinerschnecke –
Arion lusitanicus

Wie der Name schon vermuten lässt, stammt diese Schneckenart ursprünglich aus Südeuropa (allerdings wohl vor allem aus
Portugal) und wurde vermutlich in den 1960er-Jahren mit
Gemüse- und Obsttransporten eingeschleppt. Seitdem verbreitet sich die Art unaufhaltsam; sogar in Südlappland wurde
sie schon gesichtet.

Die erwachsenen Tiere unterscheiden sich äußerlich nur
wenig von unseren beiden einheimischen Wegschneckenarten.
Spanische Wegschnecken, auch Kapuzinerschnecken genannt,
treten in den Farben Rot, Braun und in einem schmutzigen
Graugrün auf und können daher leicht mit *Arion rufus* verwechselt werden. Man kann die Einwanderer jedoch an den oftmals
vorhandenen Seitenbinden erkennen sowie an den Jungtieren,
die bis zu einer Größe von einem Zentimeter grau-braun-orange
gestreift sind. Die Jungtiere der einheimischen Wegschnecken
haben dagegen ein einheitlich weißliches Aussehen. Die »Süd-
länderin« verhält sich anderen Schneckenarten gegenüber
recht dominant. Sie ist wesentlich resistenter gegenüber Trockenheit und scheint auch von vielen natürlichen Fraßfeinden
verschmäht zu werden, was vermutlich mit ihrem besonders
zähen Schleim sowie ihrem bitteren Geschmack zu tun hat.

Viele Gärtner, aber auch auf Schnecken spezialisierte Biologen, beginnen sich aufgrund dieser Entwicklung Sorgen zu machen. Das biologische Gleichgewicht scheint aus den Fugen zu geraten. Da drängt sich sogleich die Frage auf, ob dieser Umstand mit dazu beigetragen hat, dass neuerdings so viele Begegnungen zwischen Schnecke und Mensch tödlich enden. Für die Schnecken, wohlgemerkt!

Davon völlig unbeeindruckt sorgt die Spanische Wegschnecke für reichlich Schneckennachwuchs. Etwa drei bis fünf Wochen nach der Paarung, die zwischen Anfang August und Ende September erfolgt, werden bis zu 400 kalkweiß gefärbte Eier in Ritzen und Höhlen abgelegt. Ein Teil der Jungtiere schlüpft bereits vor dem Wintereinbruch, die anderen im nächsten Frühjahr zwischen März und April.

Gartenwegschnecke – *Arion hortensis*

Deutlich kleiner als die drei bereits genannten Wegschnecken, nämlich im Durchschnitt etwa drei bis vier Zentimeter lang, ist die schwarzgefärbte Gartenwegschnecke. Sie fällt vor allem durch ihre gelb bis kräftig orange gefärbte Sohle und die etwas helleren Seitenbinden auf. Diese Schnecke ist als Kulturfolger in ganz Europa verbreitet und hält sich bevorzugt unter der Erdoberfläche auf. Dort ernähren sich die Tiere von Samen, Wurzeln und Knollen. Ab Herbst sieht man sie dann auch immer häufiger oberirdisch, wo sie sich bevorzugt von welken Pflanzenabfällen ernähren. Frische Pflanzenteile stehen dagegen seltener auf ihrem Speiseplan.

Gartenwegschnecken sind sehr sesshaft. Sie leben in der Regel nur innerhalb eines recht begrenzten Gebietes und sind weit weniger wanderfreudig als die Großen Wegschnecken.

Interessant ist auch der Entwicklungszyklus der Gartenwegschnecken. Da sie wenig kälteempfindlich sind, legen sie ihre durchsichtigen, stecknadelkopfgroßen Eier erst im Winter in den Monaten November und Dezember in Gelegen bis zu 80 Stück im Boden ab. Aus ihnen schlüpfen relativ spät, etwa ab Mai, die Jungschnecken, welche vor allem frühmorgens in der Dämmerung meist unterirdisch auf Nahrungssuche gehen. Mit ihrer grauen Tarnfarbe sind sie hervorragend an ihre Umgebung angepasst. Die Gartenwegschnecke bildet eine Generation pro Jahr.

Alle Wegschnecken werden in einer eigenen Familie *(Arionidae)* zusammengefasst.

Egelschnecken

**Genetzte Ackerschnecke – *Deroceras reticulatum*,
Einfarbige Ackerschnecke – *Deroceras agreste***
Wenn nach einer längeren Trockenphase plötzlich wieder Niederschlag fällt und man am nächsten Morgen entsetzt auf kahlgefressene Beete schaut, kann auch den gutmütigsten Gartenfreund die Verzweiflung übermannen.

Eine Große Wegschnecke kriecht gemächlich ihres Weges und ein Gefühl der Ohnmacht ergreift den unwissenden Gärtner. Er kratzt sich nachdenklich am Kinn und fragt sich, wie eine einzige Schnecke allein so viel fressen kann. Wo sind die anderen?

Was er vermutlich nicht weiß, ist die Tatsache, dass sich eine verborgene und für Gärtneraugen oftmals völlig unsichtbare Schneckenwelt praktisch direkt unter seinen Füßen befindet. In einer Bodentiefe von bis zu 30 Zentimetern, hervorragend hellbraun bis hellgrau getarnt und für Schnecken auffallend wendig, leben die Ackerschnecken. Die schlanken Tiere mit dem stromlinienförmigen Rückenkiel verbringen die meiste Zeit ihres Lebens im feuchten und dunklen Milieu unter der Erdoberfläche. Dort verstecken sie sich in Bodenritzen und ernähren sich von Wurzeln und abgestorbenen Pflanzenteilen. Wehe aber, wenn das Wetter umschlägt und auch oberhalb der Erdoberfläche ausreichend Feuchtigkeit für ausgiebige Spaziergänge vorhanden ist. Dann zieht es die schmalen, bis zu fünf Zentimeter langen Schnecken in Scharen an die Oberfläche und sie stürzen sich auf junge, zarte Setzlinge genauso wie auf ausgewachsene Pflanzen. Besonders gerne naschen sie an Blüten und zarten Knospen. Um an diese Leckereien zu gelangen, unternehmen sie oftmals geradezu halsbrecherische Klettertouren, die sie teilweise bis in die »luftigen Höhen« der krautigen Vegetation von Gärten oder Äckern führen.

Wie der Name schon vermuten lässt, sind Ackerschnecken nicht nur im Garten zu Gast, sondern gehören daneben auch zum Schrecken der Landwirte. Vor allem die zweite Generation, die nach einem milden Winter oder Frühjahr auftritt, befällt Winterkulturen wie Raps oder Winterweizen und richtet bisweilen beträchtlichen Schaden an.

Nach der Paarung im Hochsommer lassen sich die Acker-schnecken bis November Zeit mit der Eiablage. Sie sind recht kälteunempfindlich und man trifft sie häufig auch noch bei Temperaturen um den Gefrierpunkt an. Die nur wenige Millimeter großen Junglarven sind beinahe durchsichtig und mit bloßem Auge kaum zu erkennen. Im April und Mai, also relativ spät, schlüpfen sie aus den winzigen, nur ein bis zwei Millimeter großen Eiern und leben in der ersten Zeit überwiegend unterirdisch. Dort fressen sie an Pflanzenwurzeln oder Knollen. Ausgehöhlte Kartoffeln gehen meist auf das Konto der Ackerschnecken, ebenso rundliche Fraßlöcher an jungem Kohlrabi oder an Erdbeeren. Ackerschnecken zählen wie die im Folgenden beschriebene Große Egelschnecke zur Familie der Egelschnecken *(Limacidae)*. Weitere Erkennungsmerkmale dieser Schneckenfamilie sind unter anderem die Lage des Atemlochs, welches sich deutlich hinter der Mitte des Mantelschildes (der glatten, hervorgehobenen Fläche auf dem Rücken hinter dem Kopf) befindet sowie der bis zur Mitte des Rückens reichende Kiel. Das Atemloch der Wegschnecken befindet sich hingegen deutlich vor der Mitte des Mantelschildes. Auf ihrem abgerundeten Rücken fehlt außerdem der bei den Ackerschnecken so auffallende »schnittige« Rückenkiel.

Große Egelschnecke, Großer Schnegel –
Limax maximus
Eher selten kriecht uns im Garten die interessant gemusterte Große Egelschnecke über den Weg. Man könnte sie auch Tiger- oder Leopardenschnecke taufen, so auffallend ist ihre Zeichnung aus dunklen Streifen und Punkten auf einem hellbraunen bis dunkelgrauen Untergrund.

Die auch »Großer Schnegel« genannte Schnecke zählt zu unseren größten Nacktschneckenarten. Einzelne Exemplare können 20 Zentimeter lang werden, durchschnittlich erreichen sie jedoch eine Länge von 12 bis 14 Zentimeter.

Etwas träge futtert sie am liebsten auf dem Komposthaufen, gelegentlich trifft man sie auch in Kellerräumen mit Lagerhaltung an. Der Volksmund nennt sie daher auch »Kellerschnecke«.

Jeder Gärtner sollte sich einfach nur über die ungewöhnliche Erscheinung der Großen Egelschnecke freuen, denn sie kommt trotz einer Lebensdauer von bis zu drei Jahren recht selten vor. Im Garten richtet sie so gut wie keinen Schaden an, da ihre Nahrung hauptsächlich aus abgestorbenen Pflanzenteilen und Fallobst besteht. Daneben ernährt sie sich auch von Wurzeln, Knollen und Pilzen. Als gesichert gilt außerdem ihre Vorliebe, gelegentlich andere Schneckenarten wie die Wegschnecken und deren Gelege zu verspeisen. Damit hat sie im Garten, was dortige Schneckenpopulationen betrifft, auch eine regulierende Funktion.

Mindestens so außergewöhnlich wie ihr buntes Tigermuster ist auch ihre Paarung. Dazu kriechen die großen und somit recht schweren Schnecken an höheren Pflanzen empor, um sich von dort gemeinsam an einem selbst produzierten Faden aus Schleim abzuseilen. Ob die Schnecken in der Luft schwebend besser vor Feinden geschützt sind oder ob für sie der Liebesakt im »freien Fall« einfach nur den besonderen Kick bedeutet, ist eine Frage, über die sich diskutieren ließe. Gut denkbar ist auch, dass sich der Mensch vom freien Fall der Schnecken inspirieren ließ, um sich seinerseits mithilfe eines elastischen Seiles von Brücken oder Türmen zu stürzen: Bungee-Jumping!

Die glasklaren Eier werden nach der Paarung im Herbst in Ritzen oder Erdhöhlen abgelegt. Das können gut und gerne bis zu 300 Stück pro Schnecke sein.

Essbare Riesenschnecken

In vielen Gebieten der Welt werden Schnecken als schmackhafte Leckerbissen geschätzt. Die ursprünglich aus Afrika stammende Riesenachatschnecke *(Achatina fulica)*, eine Landschnecke, deren Gehäuse etwa 15 Zentimeter lang werden kann, wird heute vor allem in Asien verspeist. Leider entwickelte sich diese Schneckenart zu einem gefürchteten Schädling in der Landwirtschaft: Überall, wo sie in der Vergangenheit eingeschleppt wurde, richtete sie sogleich großen Schaden an und verdrängte einheimische Schneckenarten aus ihren Lebensräumen.

Erst seit man ihren natürlichen Feind, die räuberische Landschnecke *Gonaxis kibweziensis,* erkannte und förderte, lässt sich die Plage in einigen Gebieten wirksam unter Kontrolle halten.

Die Eier der Riesenachatschnecke haben einen Durchmesser von bis zu zwei Zentimetern und können daher leicht mit kleinen Vogeleiern verwechselt werden. Jede Schnecke bringt während ihres bis zu zehn Jahre lang dauernden Lebens bis zu 1,1 Millionen Nachkommen auf die Welt!

Schnirkelschnecken

Weinbergschnecke – *Helix pomatia*

Ob Schnecken letztendlich sogar die Idee dafür lieferten, dass Menschen irgendwann anfingen, sich Häuser zu bauen, um darin zu wohnen, wird wohl ungeklärt bleiben. Ein Tier, das sein Haus auf dem Rücken trägt, ist aber in jedem Fall eine einzigartige Erscheinung. Gehäuseschnecken werden mit Sicherheit auch schon unsere frühesten Vorfahren fasziniert haben.

Umso unverständlicher erscheint es daher, dass es tatsächlich Menschen geben soll, die Weinbergschnecken *(Helix pomatia)* in ihrem Garten wegen ein paar Kohlpflänzchen nachstellen und das Leben der Schnecken mit einem Tritt auf ihr Gehäuse beenden.

Tatsache ist, dass die Weinbergschnecke, unsere größte einheimische Landschnecke, unter Naturschutz steht und in der Roten Liste als potenziell gefährdet eingestuft wurde. Das heißt natürlich auch, dass es verboten ist, die Tiere zu Nahrungszwecken zu sammeln!

Weinbergschnecken stehen in vielen Restaurants auf der Speisekarte und gelten vielen Menschen sogar als Delikatesse. Tiere, die solchermaßen zum Verzehr bestimmt sind, stammen in der Regel aus speziellen Zuchtbetrieben. Die etwas kleinere Art *Helix aspersa* – die Gefleckte Weinbergschnecke – ist in der französischen Küche unter dem Namen »Petit Gris« bekannt. Es gilt als sehr wahrscheinlich, dass Menschen schon in der Steinzeit Schnecken gegessen haben. Berge von Schneckenhäusern, die man in freigelegten Abfallhaufen aus der Steinzeit fand, deuten darauf hin. Von Ausgrabungen wissen wir, dass die römischen Legionen Schnecken mit sich führten. Durch die Eroberungen der Römer konnten sich Weinbergschnecken auch in den nördlicheren Gebieten Europas ansiedeln. Ihr

Verbreitungsraum umfasste ursprünglich nur den südlichen Teil Europas. Vor allem in Zeiten allgemeiner Nahrungsknappheit sollen Weinbergschnecken auch im Mittelalter gerne als Nahrungsquelle genutzt worden sein. Da Schnecken nicht als Fleisch galten, durften sie auch während der Fastenzeiten gegessen werden.

Gut fünf Zentimeter kann der Gehäusedurchmesser der Weinbergschnecke werden und jedes einzelne Gehäuse ist von einzigartiger Schönheit. Ein künstlerisches Meisterwerk der Natur!

Weinbergschnecken kommen nicht nur in Weinbergen vor, sondern überall auf eher kalkreichen Böden. Kalk brauchen die Schnecken zum Aufbau ihres Gehäuses, das zu 98 Prozent daraus besteht. Weinbergschnecken ernähren sich von welken oder frischen Pflanzenteilen. Obwohl sie gelegentlich auch an zarten Kohlpflänzchen naschen, nützen sie im Garten mehr als sie schaden. Vor allem auf kalkhaltigen Böden verhält sich die Weinbergschnecke recht dominant und schafft es oft, andere Schneckenarten aus ihrem Revier zu verdrängen. Sie trägt demnach erheblich dazu bei, dass sich einzelne Schneckenarten im Garten nicht allzu immens vermehren.

Über ihre pflanzliche Nahrung nehmen die Gehäuseschnecken den Baustoff Kalk auf. Aus Drüsen, die sich am Mantelrand befinden, wird er später als flüssiger Kalkbrei ausgeschieden, kristallisiert recht schnell und bildet einen weiteren Zuwachsstreifen am Gehäuserand. Besondere Farbdrüsen liefern gleichzeitig Farbstoffe, durch welche das Gehäuse zu seiner mehr oder weniger ausgeprägten Zeichnung und unterschiedlichen Färbung kommt.

Die Innenwände des Schneckenhauses bilden eine Spindel, an deren Spitze ein Muskel ansetzt. Mit dessen Hilfe kann sich die Schnecke bei Gefahr oder bei Trockenheit in ihr Gehäuse zurückziehen.

Schleim, der bei anhaltender Trockenheit zu einem pergamentartigen Häutchen erstarrt, dichtet die Öffnung des Gehäuses ab und schützt die Weinbergschnecke während längerer Trockenphasen vor Verdunstung und damit vor der Gefahr des Austrocknens. Weinbergschnecken sind hierdurch hervorragend an ein Leben auf dem Trockenen angepasst. Im Winter verschließen sie ihr Gehäuse mit einem festen Kalk-

deckel und verbringen die kalte Jahreszeit an geschützten Orten knapp unter der Erdoberfläche. Sie sind in der Lage, sich eigenständig einzugraben. Nacktschnecken können dagegen nicht selbst graben!

Beeindruckend ist auch die Fähigkeit der Weinbergschnecke, sogar größere Beschädigungen an ihrem Gehäuse selbst reparieren zu können. Sie muss diese Möglichkeit erst zu einem späteren Zeitpunkt in ihrer Evolution entwickelt haben, denn Meeresschnecken können lediglich kleinere Schäden am Gehäuserand ausbessern. Weinbergschecken dagegen schaffen es, sogar Löcher in der Gehäusespitze wieder zu verschließen. Die durchschnittliche Lebensdauer einer Weinbergschnecke beträgt zwei bis fünf Jahre. Unter günstigen äußeren Bedingungen können sie jedoch zehn Jahre, in Ausnahmefällen noch sehr viel älter werden. Es hört sich unglaublich an, aber in Gefangenschaft gehaltene Weinbergschnecken erreichten bei guter Pflege nachweislich ein Alter von über 19 Jahren!

Zur Eiablage im Juli oder August gräbt jede Schnecke eine Vertiefung in lockeres Erdreich. Die Fußsohle wird hierbei wie ein Förderband benutzt. In diese Höhle werden bis zu 60 erbsengroße Eier gelegt, aus denen nach etwa 30 Tagen die winzig kleinen Schnecken schlüpfen. Sie sind bereits voll entwickelt und tragen schon ein kleines, noch etwas durchscheinendes Schneckenhäuschen auf ihrem Rücken. Einfach süß!

Gartenbänderschnecke – *Cepaea hortensis*,
Hainbänderschnecke – *Cepaea nemoralis*
Kaum eines der kleinen kugelförmigen Schneckenhäuser der Bänderschnecken sieht aus wie das andere. Kinder lieben es, die hübschen Schneckenhäuschen zu sammeln.

In Gelbtönen, Braun- und Rottönen, mal einfarbig, mal mit dicken schwarzen Bändern verziert, begegnen uns im Garten vor allem die Hainbänderschnecke *(Cepaea nemoralis)* und die Gartenbänderschnecke *(Cepaea hortensis)*. Zu unterscheiden sind sie eindeutig anhand des Mündungssaumes ihrer Gehäuse, welcher bei der Hainbänderschnecke dunkelfarbig, bei der Gartenbänderschnecke dagegen weiß ist.

Bänderschnecken gehören wie die Weinbergschnecke zur Familie der Schnirkelschnecken *(Helicidae)*, jedoch messen ihre schmucken Häuschen im Durchmesser nur einen bis zwei Zentimeter.

Auf der Suche nach Futter klettern die wendigen Tiere besonders gerne auf Sträucher und Bäume. Sie fressen Blätter und Früchte und es kommt schon einmal vor, dass sie im Garten ein wenig an den Johannisbeeren oder an zartem Grünzeug naschen. Weiteren »Schaden« richten sie jedoch nicht an.

Sowohl bei Hitze als auch im Winter ziehen sie sich in ihre Häuschen zurück. Während ihres Trockenschlafes im Sommer sehen wir ihre Gehäuse oft an Ästen oder Baumstämmen haften.

Bänderschnecken können mehrere Jahre alt werden. Die Eiablage erfolgt im Sommer. Wenige Wochen später schlüpfen komplett ausgebildete, winzig kleine Jungschnecken, welche gerade einmal eine Länge von zwei Millimetern aufweisen.

Ein Leben in luftiger Höhe

Von den Bänderschnecken zu unterscheiden ist die etwa gleich
große Baumschnecke mit ihrem meist kastanienbraun gefärbten
Schneckenhaus. Aufgrund ihres schwarzen Körpers ist sie relativ
leicht zu erkennen. Sie verbringt einen Großteil ihres Lebens
auf Bäumen, man trifft sie jedoch auch auf Wiesen oder im Ge-
büsch an.

Kleine, flache und hell gefärbte Gehäuse mit dunklen Bändern
stammen zumeist von den beiden häufigsten Heideschnecken-
arten in Europa, der Westlichen und Östlichen Heideschnecke
(Helicella itala und *Xerolenta obvia)*. Heideschnecken besiedeln
trockene Landschaften wie Dünengebiete. Selbst an glutheißen
Sommertagen sieht man sie in ihren Häuschen in der prallen Sonne an Halmen, Ästen oder Gebäuden in Grüppchen beieinander
sitzen. Sie treffen sich häufig auf wundersame Weise zahlreich
an ein und demselben Ort – nicht selten sitzen sie zu Hunderten
dichtgedrängt beisammen und überdauern die trockene Tages-
zeit im Trockenschlaf, wozu sie ihr kleines Gehäuse mit einem
Häutchen verschließen.

Dunklere, ebenfalls recht kleine, jedoch diskusförmige Häuschen gehoren einer Schneckenart namens Steinpicker *(Helicigona
lapicida)*.

Körperbau

An einer ausgewachsenen Weg- oder Weinbergschnecke lässt sich wunderbar die Morphologie der Schnecken studieren.

Charakteristisch für alle Weichtiere, also auch für Schnecken, ist die Unterteilung des Körpers in Fuß und Mantel, wobei der Fuß der Fortbewegung dient, während der Mantel als schützendes Epidermisgewebe die Rückenseite bildet.

Wie von einer unsichtbaren Kraft gezogen scheint sich die Schnecke vorwärts zu bewegen, sie gleitet auf der ganzen Sohle langsam und gleichmäßig dahin. Rund 2,5 bis 4,5 Meter kann eine Weinbergschnecke in einer Stunde zurücklegen.

Setzen wir die Schnecke auf eine Glasscheibe, damit wir sie während ihrer Bewegung von unten betrachten können, so sehen wir Wellenbewegungen, die fortwährend über die gesamte Kriechsohle laufen. Hervorgerufen werden diese durch quer liegende Muskelstränge. Durch einen entstehenden Unterdruck wird die Schnecke regelrecht an der Glasplatte festgesaugt – so kann das Tier auch an senkrechten Wänden oder sogar hängend über Kopf kriechen.

Aus einer am Vorderende der Sohle gelegenen Drüse scheidet die Schnecke fortwährend Schleim aus, sodass sie praktisch auf diesem Schleim dahingleitet und mit dem eigentlichen Untergrund gar nicht in Kontakt kommt. Hierdurch erklärt sich auch die Fähigkeit einer Schnecke, über eine messerscharfe Rasierklinge klettern zu können.

Aufgrund seiner hygroskopischen Eigenschaften zieht dieser Schleim zwar Wasser an, doch bedeutet der zu 98 Prozent aus Wasser bestehende Sohlenschleim für die Schnecke andererseits auch fortwährenden Flüssigkeitsverlust. Eine trockene Umgebung oder ein trockener, saugfähiger Untergrund entzieht dem Schleim zusätzlich Wasser. Die Gefahr des Austrocknens

begleitet die Schnecke also auf all ihren Wegen und dies ist auch der Hauptgrund, warum Schnecken vor allem nachts und bei Regenwetter unterwegs sind.

Im vorderen Bereich des ansonsten grob gerunzelten Körpers der Wegschnecke erkennt man das sogenannte Mantelschild mit seiner auffallend feineren Haut und dem Atemloch, welches sich rechts und – bei den Wegschnecken – deutlich vor der Mitte des Schildes befindet. Es stellt eine Art Überbleibsel eines früheren Gehäuses dar. Kalkeinlagerungen unter der Haut deuten darauf hin.

Am Kopfende besitzt die Schnecke zwei Paar Fühler. An dem oberen und längeren Fühlerpaar sitzen die Augen. Bei der kleinsten Berührung stülpen sich diese Fühler derart nach innen ein, dass die Augen hervorragend geschützt im Inneren liegen. Das kürzere untere Fühlerpaar dient dem Tasten und Riechen.

Bei den Landlungenschnecken gelangt sauerstoffreiche Luft durch das Atemloch in die Mantel- oder Atemhöhle. In einem Netz aus verästelten Blutgefäßen findet in der Atemhöhle der Austausch von verbrauchter gegen frische, mit Sauerstoff beladene Luft statt. Daneben ist es der Schnecke möglich, auch über die gesamte Körperoberfläche zu atmen (Hautatmung).

Der sogenannte Eingeweidesack enthält alle inneren Organe der Schnecke wie Niere, Magen, Herz, Leber sowie Verdauungs- und Fortpflanzungsorgane. Er befindet sich entweder im Gehäuse der Schnecke oder bei den Nacktschnecken in lang gestreckter Form in deren Rückenbereich.

Fresswerkzeug

Wir alle kennen die Fraßspuren von Schnecken an unseren sorgsam gehüteten Gartenpflanzen. Den Mund der Schnecke erkennt man jedoch erst bei sehr genauem Hinsehen.

Mit ihrem festen, hornigen Oberkiefer schneidet die Schnecke zunächst ein Stück des Blattes ab. Anschließend schiebt sie die am Unterkiefer sitzende wulstige und sehr bewegliche Zunge vor. Sie ist mit Tausenden nach hinten gerichteten Chitinzähnchen besetzt und wird Radula (Raspelzunge) genannt.

Diese Raspelzunge ist ein in der Natur einzigartiges Organ und in ihrer Funktion am ehesten mit einem Schaufelbagger zu vergleichen. Mit ihr raspelt die Schnecke kleinste Teilchen des Blattstückes ab und durchsetzt diesen Nahrungsbrei mit Verdauungsspeichel, bevor er durch den Schlund der Schnecke in den Magen gelangt. Zwischen Mantelrand und Fuß werden unverdaute Nahrungsteilchen später wieder ausgeschieden.

Die im Garten vorkommenden Schneckenarten ernähren sich überwiegend pflanzlich. Bei einigen Arten wie der Großen Egelschnecke stehen zudem Pilze mit auf dem Speiseplan. Andere wie die Großen Wegschnecken verschmähen auch Aas und Exkremente nicht. Vor allem an Schneckenkadavern sieht man sie häufig in Massen. Tote Schnecken im Garten sollte man daher tunlichst vermeiden. Sie sind ein äußerst wirksames Schneckenlockmittel.

Sinnesleistungen

Auf viele Menschen machen Schnecken einen eher unbeholfenen Eindruck. Man fragt sich, wie sie sich überhaupt zurechtfinden können in einer Welt, in der es von Feinden nur so wimmelt.

Gemächlich und ohne Hast kriecht die Schnecke ihres Weges, während um sie herum das Leben, quirlig und in rasantem Tempo, vorbeizufließen scheint.

Und doch hat es diese Tiergruppe geschafft, äußerst erfolgreich zu überleben. Ob es daran liegt, dass Schnecken eine besonders feine und sensible Wahrnehmungsweise entwickelt haben, um auf ihre Umwelt zu reagieren?

Nehmen wir uns ein wenig Zeit, werfen Hektik und Termindruck einfach über Bord und beobachten eine Schnecke bei einem ihrer langsamen Spaziergänge durch den Garten. An einem wolkenverhangenen Regentag müssen wir nicht lange suchen, bis uns die erste Schnecke über den Weg kriecht.

Das erste, auf das wir achten sollten, sind die zwei Fühlerpaare am Kopf der Schnecke. Bevor sich eine Schnecke in Bewegung setzt, streckt sie diese Fühler, Antennen gleich, ihrer

Umwelt entgegen. Mit dem oberen längeren Paar nimmt sie Hell-Dunkel-Kontraste wahr. Hier befinden sich ihre Augen. Die Lichtsinneszellen in den Augen sind, im Gegensatz zu denen der Wirbeltiere, dem Lichteinfall direkt zugewandt.

Das kürzere untere Fühlerpaar dient dem Tasten, Riechen und Schmecken. Trifft die Schnecke auf ein Hindernis, so betastet sie dieses äußerst vorsichtig. Wird die Berührung zu stark, zieht sie erschrocken ihre »Antennen« ein. In diesen kleinen Kopffühlern befinden sich zahlreiche Tast- und Chemorezeptoren. Ein einfaches Nervensystem, bestehend aus Nervenknoten und -strängen, leitet die empfangenen Reize an die verschiedenen Körperorgane weiter.

Der Geruchssinn ist bei Schnecken besonders gut ausgeprägt, sie wittern Nahrung teilweise aus bis zu 100 Meter Entfernung!

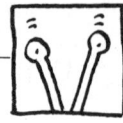

Purpur

Was einen Senator im alten Rom von seinen gewöhnlichen Zeitgenossen unterschied, war unter anderem sein mit Purpur gefärbtes Gewand. Kostbar war dieser Farbstoff vor allem wegen seiner aufwendigen Gewinnung. Um einen schmalen Streifen Stoff zu färben, benötigt man Tausende von Schnecken, welche diesen Farbstoff in einer kleinen Drüse herstellen. Die Purpurschnecke, wie diese Schneckenart denn auch wegen ihrer besonderen Eigenschaft genannt wird, wäre wohl irgendwann ausgerottet worden, wenn die Menschen nicht eines Tages dazu übergegangen wären, den Farbstoff auf synthetische Weise zu gewinnen. Zum Glück für die Schnecken.

Neben dem Geruchssinn ist auch der Geschmackssinn wichtig für die Schnecke. Sie riecht und schmeckt jedoch nicht nur mit Fühlern und Lippen, sondern vielmehr mit dem ganzen Körper. Untersuchungen an Weinbergschnecken haben gezeigt, dass ihr gesamter Körper mit Geruchs- und Geschmackssinneszellen besetzt ist.

Für die Schnecke überlebenswichtig ist auch der Lagesinn oder statische Sinn. Er informiert die Schnecke über ihre Lage im Raum. Legen wir eine Weinbergschnecke vorsichtig auf den Rücken, so schafft sie es mithilfe ihres Lagesinns (irgendwann einmal), wieder in ihre Normallage zurückzukehren. Doch wie funktioniert dieser Sinn?

Auf beiden Seiten des Schlundringes befinden sich zwei mit Flüssigkeit gefüllte Bläschen, die sogenannten Statocysten. In dieser Flüssigkeit schwimmen mehrere Kalkkörnchen (Statolithen). Lageveränderungen dieser Kalkkörnchen innerhalb der Bläschen reizen spezielle Sinneszellen, die der Schnecke exakte Angaben über ihre derzeitige Lage im Raum vermitteln.

Fortpflanzung

Dass unsere Landlungenschnecken Zwitter (Hermaphroditen) sind, wissen wir bereits. Alle Tiere besitzen sowohl männliche als auch weibliche Geschlechtsorgane, in denen Spermien und Eier heranreifen. Diese Zwittrigkeit hat den Vorteil, dass doppelt so viele Nachkommen produziert werden können.

Während der Paarung befinden sich die Tiere in einer männlichen Phase, in der die Samen untereinander ausgetauscht werden. Im Anschluss an den Paarungsakt, der meist viele Stunden dauert, tritt die weibliche Phase ein, gleichbedeutend mit einem Heranreifen der befruchteten Eier.

Doch wie finden sich passende Partner einer Schneckenart?

Damit es nicht zur Verpaarung unterschiedlicher Arten kommt, haben sich im Laufe der Evolution arttypische komplizierte Werbungsspiele entwickelt. Es können von Art zu Art recht unterschiedliche und ganz charakteristische Bewegungsabläufe beobachtet werden. Bänderschnecken belecken sich zuerst ausführlich und bohren sich dann gegenseitig, ähnlich wie die Weinbergschnecken, einen kalkigen Pfeil in den Körper. Dieser »Liebespfeil« soll den Partner zur Samenabgabe stimulieren. Er fällt nach der Begattung meist zu Boden.

Eine schleimige Angelegenheit ist die Liebe der Nacktschnecken. Eng umschlungen sieht man sie im Hochsommer häufig im feuchten Gras liegen, in der Mitte der Partner gut zu erkennen das »Liebesnest« aus weißem Schleim.

Die von einer kalkigen Schale umgebenen Eier müssen in einem feuchten Milieu abgelegt werden, damit ein paar Wochen später die vollständig entwickelten Jungschnecken ausschlüpfen. Die Schnecke wählt hierzu feuchte Stellen im Boden oder unter Blattspreu aus. Weinbergschnecken graben eigens hierfür eine Höhle in das lockere Erdreich.

Natürliche Feinde der Schnecken

Locken Sie die Fraßfeinde von Schnecken in den Garten!
Schauen wir uns die Tierwelt in unserem Garten an, so finden
wir reine Pflanzenfresser, reine Fleischfresser und viele Arten,
die sich von beiderlei, also von pflanzlicher sowie tierischer
Kost ernähren wie etwa die Amsel.

Ein biologisches Gleichgewicht wird sich in unserem Garten
am ehesten dann einstellen, wenn er möglichst viele Tier- und
Pflanzenarten beherbergt. In solch einem Garten schaffen es
einzelne Arten nur schwer, sich übermäßig stark zu vermehren.

Gibt es dann in einem Jahr beispielsweise besonders viele
Blattläuse, so sorgt die zahlreiche Vogelschar ganz natürlich für
deren Dezimierung. Kleinere Störungen, die in diesem Gefüge
auftreten, gleichen sich zu einem guten Teil von alleine wieder
aus. Größere Störungen sind meist menschengemacht. Tote
Jungvögel beispielsweise, die man beim Säubern der Vogel-
nistkästen gelegentlich findet, zeugen entweder von einem
Kälteeinbruch im Frühling, weit häufiger jedoch von vergifte-
tem Futter, meist mit Insektiziden besprühten Blattläusen, mit
welchem die Brut von ihren Eltern gefüttert wurde.

Es liegt auf der Hand, dass wir bei allen Eingriffen in den
Naturkreislauf mit der größten Vorsicht vorgehen müssen. Im
privaten Grün sind schwerwiegende Eingriffe wie der Einsatz
von Schädlingsbekämpfungsmitteln in den allermeisten Fällen
vollkommen unangebracht.

Verlassen wir uns lieber auf die Kraft der Natur und fördern
wir diese in unserem grünen Paradies vor der Haustür, indem
wir hier die Ansiedlung möglichst vieler Pflanzen- und Tierarten begünstigen. Das ist viel einfacher, als man denkt. Das
größte Hindernis bei der Umgestaltung des Gartens in Richtung
»naturnaher Biogarten« ist in den meisten Fällen unsere – oft

falsche – Vorstellung davon, wie ein schöner und gepflegter Garten auszusehen hat.

Kaum jemand möchte eine Unkrautwüste um sein Haus herum haben. Das muss auch gar nicht sein. Auch Naturgärten können gepflegt wirken, sie verfügen lediglich über mehr biologisch sinnvolle, gestalterische Elemente. Wohl strukturiert werden in Naturgärten viele verschiedene Lebensräume ge-

41

schaffen, ohne dass alles im Chaos endet. Die verwilderte Ecke mit Brennnesseln muss ja nicht unbedingt für alle sichtbar an der Terrasse liegen und einen Reisighaufen kann man auch ordentlich aufschichten.

Wir können nicht darauf hoffen, dass Vögel die Nacktschnecken in unserem Gemüsegarten dezimieren, wenn wir den Vögeln in der näheren Umgebung keinen Unterschlupf, etwa in Form von dichten Sträuchern, bieten.

Nun haben wir ja schon gelesen, dass viele Schneckenarten zu den Kulturfolgern der Menschen gehören. Das bedeutet, dass sie von menschlichen Eingriffen in die Natur profitieren. In vielen Gärten herrschen als Folge menschlichen Eingriffs in die Natur für Nacktschnecken geradezu paradiesische Zustände. Neben einem reich gedeckten Tisch sowie reichlich vorhandenen Unterschlupfmöglichkeiten fehlen häufig die natürlichen Schneckenfeinde, was uns die Schnecken mit fleißiger Vermehrung danken.

Die Schneckenvertilger

Werfen wir also zunächst einen Blick auf die Tierarten, welche sich speziell auch von Schnecken oder deren Eiern ernähren, und überlegen wir uns, wie wir ihnen in unserem Garten passende Lebensräume schaffen können, auf dass sie sich wohlfühlen und ganz natürlich ein Übermaß an Nacktschnecken regulieren. Es ist erstaunlich, bei wie vielen Tierarten Schnecken auf dem Speisezettel stehen.

Die wichtigsten Schneckenvertilger in unserem Garten

Tierart	fressen (unter anderem)	freuen sich über
Amphibien (Frösche, Kröten, Molche)	Schnecken (vor allem Jungschnecken)	Teich, Steinhaufen
Reptilien (Echsen, Schlangen)	Schnecken, Schneckeneier	Trockenmauern, Steinhaufen
Insekten (Glühwürmchen, Laufkäfer, Aaskäfer, Halbflügler)	Schnecken (vor allem Jungschnecken), Schneckeneier	Trockenmauern, Altholz, Mulch, Wildpflanzen, Kompost
Weberknechte, Raubspinnen	Schnecken (vor allem Jungschnecken), Schneckeneier	Trockenmauern, Altholz, Mulch, Wildpflanzen, Kompost
Gehäuseschnecken	gelegentlich Schneckeneier	verwilderte Ecken, Hecken, pH-Wert des Bodens höher als 6
Spitzmäuse	Schnecken	Laubhaufen, Reisighaufen, Hecken
Igel	Schnecken	Laubhaufen, Reisighaufen, Laub unter Hecken, Igelhäuschen
Maulwürfe	Schnecken	
Vögel (vor allem Drosseln, Amseln, Stare, Elstern, Kleiber, Krähen)	Schnecken, Schneckeneier	Vogelschutzhecken, Nistkästen, fruchttragende Gehölze

Gehäuseschnecken

Dass einige Schneckenarten bei der Eindämmung der Schneckenplage mithelfen sollen, überrascht vielleicht, doch schaffen es die meist seltener vorkommenden Gehäuseschnecken oftmals, Nacktschnecken zurückzudrängen. Die unter Naturschutz stehende Weinbergschnecke *(Helix pomatia)* verhält sich vor allem auf kalkhaltigem Boden recht dominant gegenüber ihren Verwandten ohne Haus. Das kontrollierte Ausbringen von Kalk (Algenkalk, Gesteinsmehl) kann sich daher besonders in Gärten mit übermäßig vielen Nacktschnecken lohnen. Der pH-Wert des Bodens sollte zwischen sechs und sieben liegen, dann herrschen für Weinbergschnecken ideale Bedingungen.

Auch sagt man den Gehäuseschnecken nach, dass sie gelegentlich an den Eigelegen der Nacktschnecken naschen. Noch ein Grund mehr also, den Gehäuseschnecken günstige Lebensbedingungen zu bieten und auf giftiges Schneckenkorn zu verzichten, würde man hiermit doch auch einen Teil dieser nützlichen Schnecken vernichten.

Frösche und Kröten

Zwar sind Amphibien vor allem am oder im Gartenteich zu Hause, doch sollte man neben dem Gewässer auch die Umgebung so gestalten, dass Frösche und Kröten sich hier wohlfühlen. Kröten verkriechen sich tagsüber am liebsten in Mauerhöhlen oder in feuchten Nischen unter Holz- oder Steinhaufen.

Auch Frösche jagen häufig an Land und sind daher dankbar für jeden sicheren und feuchten Unterschlupf in Form von Reisighaufen, Steinen oder höherem krautigem Bewuchs.

Als Gegenleistung fressen sie vor allem jüngere Schnecken und helfen, den Schneckennachwuchs in Schach zu halten.

Vögel

Eine Schnecke stellt für viele Vogelarten eine willkommene Abwechslung auf dem Speiseplan dar. Beobachtet man eine Amsel beim Verspeisen einer ausgewachsenen Wegschnecke, so scheint dieses Vorhaben regelrecht in Arbeit auszuarten. Unentwegt pickt der Vogel auf die Schnecke ein, bis er den saftigen Happen endlich von seinem zähen Schleim befreit hat. Leichter hat es der Vogel mit Jungschnecken oder Schneckeneiern.

Eine Vorliebe für Schnecken haben vor allem Drosseln, Amseln, Stare, Elstern, Krähen, Kleiber, Spechtmeisen und Möwen, aber auch viele andere Vogelarten verschmähen die schleimigen Weichtiere und deren Eier nicht.

Insekten und Spinnen

Man könnte das ökologische Gleichgewicht eines Gartens auch danach beurteilen, wie viele Insektenarten er beherbergt.

Insekten benötigen einen Lebensraum, der sich aus Strauchwerk, Altholz, Pflanzenabfällen, altem Laub und Ähnlichem zusammensetzt.

Eine unaufgeräumte Ecke im Garten ist aus Insektensicht wunderbar. Hier lassen sich verschiedene Materialien wie altes Holz, Steine, Reisig oder Laub zu Hügeln aufschichten und damit ein kleines Insektenparadies errichten. Idealerweise hat in unmittelbarer Nähe auch der Komposthaufen seinen Platz.

Mit einem einzigen Biss und bevor die Schnecke zu ihrer Verteidigung zusätzlichen Schleim absondert, schaffen es beispielsweise Weberknechte oder die schwarz behaarte Wolfsspinne, eine Jungschnecke zu töten. Die Larven der Schneckenfliegen *(Sciomyzidae)* lähmen kleinere Schnecken ebenfalls mit einem einzigen Biss.

Laufkäfer *(Carabidae)*, Halbflügler *(Hemiptera)* und Hundertfüßer *(Chilopoda)* lieben vor allem die Eigelege der Schnecken. Recht räuberisch verhalten sich auch deren Larven sowie die Larven des bekannten Glühwürmchens. Sie machen häufig Jagd auf jüngere Schnecken und dezimieren – vom Menschen meist unbemerkt – den Bestand der Schnecken im Garten.

Ein harmonisches Gleichgewicht zwischen Nützlingen und vermeintlichen Schädlingen entsteht nicht von heute auf morgen.

Igel

Nach landläufiger Meinung gelten Igel als ausgesprochene Schneckenvertilger. Allerdings haben Untersuchungen des Mageninhaltes von Igeln ergeben, dass diese hauptsächlich Insektenfresser sind und sich überwiegend von Laufkäfern und deren Larven, Nachtfalterraupen, Regenwürmern und Ohrwürmern ernähren. Daneben verschmähen sie auch Hundert- und Tausendfüßer, Schnakenlarven, Asseln, Ameisen, Spinnen, Bienen und Wespen nicht. Nur durchschnittlich sechs Prozent des Nahrungsvolumens der Igel besteht aus Schnecken.

Doch selbstverständlich ist auch der Igel für ein harmonisches Gleichgewicht im Garten wichtig und man sollte ihm daher Rückzugsgebiete, etwa in Form von Laub- und Reisighaufen, zur Verfügung stellen. Mit seiner vielseitigen Ernährung sorgt er dafür, dass einzelne Arten nicht überhand nehmen.

Biotope für natürliche Schneckenfeinde

Reisighaufen

Schnittgut in Form von dünneren oder auch dickeren Ästen fällt in jedem Garten an. Schichtet man dieses zu einem kunstvollen Haufen auf, schlägt man gleich zwei Fliegen mit einer Klappe: Man fördert viele Nützlinge wie Igel, Spitzmaus, Raubspinnen, Käfer und Vögel. Daneben entfällt das leidige Problem der Entsorgung des Schnittmaterials. Es ist immer wieder erstaunlich, wie viel Material so ein Haufen »schluckt«. Nach einiger Zeit schrumpft der Haufen deutlich zusammen und man kann wieder nachlegen.

Dicke Astenden sollten immer zur Mitte des Haufens zeigen, damit man beim Vorbeilaufen nicht daran hängen bleibt.

Als Platz für solch einen Haufen eignet sich ein geschützter Ort unter Hecken oder Bäumen. Anstatt eines einzelnen Haufens kann man auch einen Reisigwall in beliebiger Länge aufschichten. Mag man den Anblick der Äste nicht, so pflanzt man einfach einen schmalen Streifen schattenverträglicher Pflanzen davor. Unter rankendem Efeu etwa verschwindet der Reisighaufen komplett. Auch blühende Arten wie Nesselglockenblume, Weißes Leimkraut, Wilde Möhre oder Klettenkerbel führen zu diesem Ergebnis. Spezielle Samenmischungen für halbschattige Säume gibt es im Fachhandel zu kaufen.

Gartenteich

Wasserstellen, in welcher Form auch immer, dürfen in keinem Garten fehlen. Viele Tiere, wie etwa der Igel, fressen die schleimigen Leckerbissen lieber, wenn sie ihre Beute vor dem Fressen in Wasser tauchen oder wenn sie mit Wasser »nachspülen« können.

Als natürlichen Lebensraum gibt es feuchte Gebiete bei uns nur noch recht selten. Viele der ursprünglichen Bewohner dieser Biotopform zeigten sich in der Vergangenheit jedoch äußerst anpassungsfähig.

Bereitwillig besiedeln sie auch künstlich angelegte Feuchtbiotope jeder Art und es bereitet in der Regel keine Schwierigkeiten, sie auch in unmittelbarer Nähe zum Menschen anzusiedeln. Selbst der kleinste Teich lockt zuverlässig Kröten und Frösche in den Garten, die bekanntlich zu den besonders effektiven Schneckenjägern gehören. Da die Ansiedlung von Fröschen und Kröten im Vordergrund steht, sollte auf Zierfischbesatz verzichtet werden. Bei den Pflanzen sind einheimische

Arten den exotischen vorzuziehen. Wichtig für die Wasserqualität sind auch Wasserschnecken und Unterwasserpflanzen wie Raues Hornblatt *(Ceratophyllum demersum)*, Wasserfeder *(Hottonia palustris)*, Ähriges Tausendblatt *(Myriophyllum spicatum)* oder Wasserschlauch *(Utricularia vulgaris)*.

Trockenmauer und Steinhaufen

Möchte man in seinem Garten eine Trockenmauer selbst bauen und hat bereits eine geeignete Stelle dafür gefunden (am besten in Ost-West-Ausrichtung), so besorgt man sich die entsprechende Menge an Natursteinen, die aus der Region stammen sollten. Preiswert sind sie meist im nahe gelegenen Steinbruch. Ist ein solcher nicht vorhanden, so bezieht man die Steine im Natursteinfachhandel. Als Untergrund und Füllmaterial eignen sich Schotter, Kies, Bauschutt oder alte Ziegel.

Um die Besiedlung der Mauer mit verschiedenen Tierarten zu fördern, werden Hohlräume im Innern sowie Spalten und Ritzen als Zugänge gleich mit eingeplant. Eine optisch reizvolle Bepflanzung der Trockenmauer ist möglich, Teile der Mauer sollten jedoch frei von Bewuchs bleiben, da diese beispielsweise von Eidechsen gerne als Sonnenplatz benutzt werden.

Wer sich nicht so viel Arbeit machen möchte, schichtet die Steine einfach zu einem losen Haufen auf. Viele Tierarten wie Eidechsen, Schlangen, Kröten und unzählige Insekten finden dort einen geeigneten Zufluchtsort und reduzieren ganz nebenbei auch eine übermäßig vorhandene Schneckenpopulation im Garten. Ideal sind zwei Steinhaufen, wovon einer in sonniger, der andere in schattiger oder halbschattiger Lage errichtet wird.

Wildsträucher

Wie kaum ein anderer Lebensraum bieten Hecken eine Vielfalt verschiedenster Lebensbedingungen auf engstem Raum: Vom Heckeninneren bis zum Rand sind alle Übergangszonen von dunkel bis hell, von feucht bis trocken und von kühl bis warm auf wenigen Metern anzutreffen. Hecken mit überwiegend heimischen Strauchartern ernähren und beherbergen eine Vielzahl an Tierarten. Vor allem Insekten finden hier ein Zuhause. Von ihnen wiederum leben Vögel, Amphibien, Reptilien und Kleinsäugetiere.

Je nachdem, wie viel Platz für die Hecke zur Verfügung steht, werden entweder große oder eher klein bleibende einheimische Wildsträucher gepflanzt. Zu den großen, bis zu sieben Meter hoch werdenden Wildgehölzen gehören Hundsrose, Schwarzer Holunder, Pfaffenhütchen, Vogelkirsche, Vogelbeere, Gewöhnliche Berberitze, Kornelkirsche, Wildapfel oder Wildbirne. Die

meisten dieser Sträucher vertragen auch einen gelegentlichen radikalen Rückschnitt.

Oder man entscheidet sich für einige der folgenden, klein bleibenden Wildstraucharten, welche zumeist nur ein bis zwei Meter hoch werden: Rote Heckenkirsche, Himbeere, die Wildformen von Schwarzer und Roter Johannisbeere, Alpenheckenkirsche, Schwarze Heckenkirsche, Wolliger Schneeball, Schwarzer Geißklee, Alpenheckenrose, Zimt-, Bibernell-, Leder-, Filz- oder Rotblättrige Rose.

Die Pflege einer Wildsträucherhecke ist relativ unkompliziert. Wachsen einzelne Sträucher oder Bäume zu üppig, so schneidet man sie einfach kräftig zurück. Man sollte jedoch niemals die ganze Hecke auf einmal zurückschneiden, damit immer ausreichend Rückzugsmöglichkeiten für deren Bewohner erhalten bleiben.

Totholz im Garten

Faszinierend ist es, den Zersetzungsprozess von altem Holz zu beobachten. Deponiert man einen abgesägten Baumstamm, einen großen Wurzelstumpf oder einfach einen Stapel altes, unbehandeltes Holz an einem sonnigen bis halbschattigen Ort, so finden sich bald zahlreiche Spezialisten ein, welche solch einen Lebensraum bevorzugt besiedeln. Mit etwas Glück kann man auch seltene Wildbienenarten oder Holzwespen beobachten, die auf morsches, abgestorbenes Holz angewiesen sind.

Und nicht zu vergessen die zahlreichen Spinnen- und Käferarten, die auf altem Holz zu Hause sind und teilweise zu den emsigsten Schneckenjägern gehören.

Auch wenn das Holz selber tot ist, wimmelt es hier dennoch von Leben: In einem einzigen Kubikmeter Totholz leben bis zu 20 000 Individuen!

Geflügel

Indische Laufenten

Wer Indische Laufenten in seinem Garten hält, braucht sich um Schnecken keine Gedanken mehr zu machen. Nacktschnecken sind nämlich die unangefochtene Lieblingsspeise dieser Entenart.

Gegen Ende des 19. Jahrhunderts wurden die ersten Indischen Laufenten aus Südostasien und dem Malayischen Archipel nach England gebracht. Laut Darwin stammt die Indische Laufente von der Stockente ab. Charakteristisch ist vor allem ihr aufrechter Gang, der vererbt wird.

Laufenten sollten nicht als Einzeltiere gehalten werden, sondern stets paarweise. Man sollte bei der Anschaffung der Laufenten unbedingt darauf achten, dass es sich wirklich um reinrassige Tiere handelt. Nicht zu unterschätzen ist das Risiko, dass sich die Tiere mit Wildenten kreuzen. Dann kann es passieren, dass die Nachkommen der zuvor reinrassigen Enten ganz plötzlich Appetit auf Grünzeug bekommen. Normalerweise verschmähen Laufenten Grünes und können daher auch frei im Garten umherlaufen. Wenn da nicht ihr Hang zum Wühlen und Umgraben der Beete wäre ... Man sollte auch wissen, dass manche Laufenten trotz Reinrassigkeit in seltenen Fällen auch einmal am Salat naschen und kleine Pflanzen, insbesondere zarte Jungpflanzen, aufgrund ihrer großen Füße zerdrücken können.

Mit ihrem hervorragend entwickelten Geruchssinn spüren sie die Nacktschnecken in ihren Tagesverstecken auf. Auf der Suche nach den saftigen Schneckenhappen richten die Enten im Garten jedoch so manche Verwüstung an. Frisch einge-

säte Beete sollten daher unbedingt umzäunt werden, bis die Pflanzen kräftig genug sind, um von den Enten nicht einfach niedergetrampelt zu werden. Zäune von etwa 50 Zentimeter Höhe reichen meist aus, da Laufenten nur sehr schlecht fliegen können. Auch Hochbeete bieten sich an, sodass die Tiere nicht an die Pflanzen herankommen.

Wie ihr Name sagt, sind Laufenten äußerst bewegungsfreudige Tiere. Sie benötigen daher einen großzügig bemessenen Auslauf. Einige hundert Quadratmeter sollten es im Idealfall schon sein.

Ein üppig großer Teich ist nicht unbedingt notwendig, eine ausreichend große Wasserstelle zum Schwimmen und Trinken reicht ihnen aus. Aber Achtung: Ein zu kleiner Teich kann sich innerhalb kurzer Zeit in eine unschöne Brühe verwandeln. Daneben brauchen die Tiere das Wasser auch zum Herunterschlingen der Schnecken. Ohne Wasser würden sie an den schleimigen Happen schnell ersticken. Auf ein Füttern mit abgesammelten Schnecken sollte man verzichten und den Enten das Schneckensammeln lieber selbst überlassen. Junge Enten müssen sorgfältig im Auge behalten werden, denn es soll hin und wieder vorkommen, dass sie an allzu großen Nacktschnecken ersticken.

Will man sich die Laufenten neu zulegen, so ist dafür das zeitige Frühjahr der geeignete Zeitpunkt. Da es um diese Zeit noch so gut wie keine großen, also erwachsenen Nacktschnecken im Garten gibt, können die kleinen Enten praktisch gemeinsam mit den Schnecken heranwachsen und die erbeuteten Schnecken haben daher immer gleich die alters- und schnabelgerechte Größe. Wer zufüttern muss – insbesondere im Winter –, füttert Körnerfutter für Geflügel und grünes Blattgemüse.

Stall und Überwinterung

Indische Laufenten sind wenig empfindlich gegenüber unwirtlichem Wetter, Temperaturen bis minus 15 °C machen ihnen in der Regel nichts aus. Dennoch empfiehlt es sich, ihren Stall, der nicht sehr groß sein muss, gut zu isolieren. Für zwei Tiere reicht eine Grundfläche von etwa 60 mal 120 Zentimetern. Wichtig ist auch, dass der Stall die Enten vor Eindringlingen wie Füchsen, Mardern oder Hunden schützt.

Laufentenprojekt

Mit dem europäischen Umweltpreis wurde das österreichische Projekt »Rent an Ent« ausgezeichnet, bei dem man Laufenten für einen Sommer oder sogar nur stundenweise mieten kann.

Das mag eine praktische Sache sein, doch sollte man beachten, dass es eigentlich nicht sinnvoll und auch wenig entenfreundlich ist, die Tiere für kurze Zeit auszuleihen, weil sich das Ökosystem im Garten erst einmal auf die Enten einstellen muss. Neben Nacktschnecken fressen die Tiere auch Insekten, die im Falle eines kurzzeitigen Ausleihens ohne Möglichkeit des Gartenökosystems, sich auf die zusätzlichen Insektenfresser einzustellen, anschließend im Garten fehlen, um wieder auftretende Schnecken in ihre Grenzen zu weisen.

Das gute alte Federvieh

Ganz hervorragend eignen sich auch Hühner, um einer Schneckenplage Herr zu werden. Allerdings verschmäht das gute alte Federvieh auch frisches Grün nicht. Im Idealfall lässt man die Tiere deshalb erst ab Herbst, also nachdem ein Großteil des Gemüses geerntet ist und die Beete gelockert oder umgegraben sind, in den Garten. Dort spüren sie dann äußerst zuverlässig die Eigelege der Nacktschnecken auf und helfen auf diese Weise dabei, gerade die Population der besonders schwierig zu bekämpfenden Spanischen Wegschnecke nachhaltig zu reduzieren.

Hühner können sehr zutraulich werden. Bei Laufenten gehört schon etwas mehr Geduld dazu, bis die Tiere zahm oder gar anhänglich werden.

Fraßschäden durch Schnecken erkennen

Nicht jeder Fraßschaden an unseren Gartenpflanzen geht auf das Konto von Nacktschnecken, auch wenn viele Gärtner das gerne glauben wollen.

Sind Blätter abgefressen oder angefressen, so kommen gleich mehrere »Übeltäter« in Frage, die dort unerlaubterweise ihren Appetit gestillt haben könnten. Im Folgenden eine kleine Auswahl:

- abgefressene Triebe: zum Beispiel Kaninchen,
- rundlich abgefressene Blätter: zum Beispiel Erdraupen, Lilienhähnchen (vor allem an Liliengewächsen, Maiglöckchen, Kaiserkrone),
- eckig angefressene Blätter: Vögel, zum Beispiel Spatzen oder Tauben,
- große und kleine Löcher in den Blättern: Schmetterlingsraupen (zum Beispiel Kohlweißling), Käferlarven (zum Beispiel Kartoffelkäfer), Blattwespenlarven,
- buchtenförmig angefressene Blätter: zum Beispiel Gefurchter Dickmaulrüssler.

Schnecken fressen Blätter dagegen selten nur an, sondern meist in Gänze auf. Sollten sie doch einmal nur an den Pflanzen genascht haben, lassen sich ihre Fraßspuren also zunächst nicht eindeutig zuordnen. Sieht man jedoch an der Pflanze oder am Boden zusätzlich glitzernde Schleimspuren, so deutet alles auf eine Schnecke oder gleich eine ganze Schar von Schnecken hin, die sich an unseren Pflanzen gütlich getan haben.

Von Schnecken befallene Früchte, wie Erdbeeren, weisen meist kugelrunde Aushöhlungen auf. Ein zusätzlich eindeutiger Hinweis, dass eine Schnecke am »Tatort« gewesen ist, sind auch in diesem Fall sichtbare Schleimspuren an der Frucht.

Schauen Sie also immer sehr genau hin, bevor Sie eine Schnecke als »Täterin« verdächtigen.

Die Anti-Schnecken-Gartengestaltung

Schaffen Sie für Schnecken ungünstige Gartenstrukturen!

Wir wissen inzwischen, dass nicht alle Schneckenarten im Garten schädlich sind. Meist sind Ackerschnecken oder die Großen Wegschnecken schuld daran, wenn Gärtner verzweifelt von einer alles vernichtenden Schneckenplage berichten.

Da Ackerschnecken die größte Zeit ihres Lebens gut versteckt unter der Erde verbringen und überhaupt recht ortstreue Tiere sind, wollen wir uns nun auf die Großen Wegschnecken und die Spanische Wegschnecke konzentrieren und ihre täglichen Wege, Verhaltensweisen und so manch andere ihrer Vorlieben kennenlernen.

Sobald wir wissen, wie die ideale Umgebung für eine Wegschnecke aussieht, können wir gegensteuern und unseren Garten derart umgestalten, dass wir den Großen Wegschnecken erst einmal einen gehörigen Strich durch die Rechnung machen und sie auf ganz natürliche Weise von unseren kostbarsten Pflanzen fernhalten.

Schnecken auf Wanderschaft

Schattiges, feuchtes Plätzchen gesucht!

Ob sich eine Wegschnecke auf die Wanderschaft begibt, hängt vor allem von einem Faktor ab: Wasser!

Als sogenanntes Feuchtlufttier kann sich die Schnecke nur auf Nahrungssuche begeben, wenn ihre Umgebung genügend Feuchtigkeit enthält. Bei Sonnenschein oder sehr trockener

Luft droht der Schnecke schon sehr bald der Tod durch Austrocknung. Und das wissen die Schnecken sehr wohl und kalkulieren daher recht genau, für welche Strecke ihr Wasservorrat ausreicht. Um vorwärts kriechen zu können, benötigt die Schnecke Schleim, den sie fortwährend über Drüsen ausscheidet. Je mehr Sohlenschleim die Schnecke produzieren muss – weil es beispielsweise sehr trocken ist –, desto mehr Flüssigkeit muss sie auch wieder auffüllen. Das kann über die Nahrung oder auch über die Haut erfolgen.

In trockenen Zeiten, vor allem am Tage, ziehen sich die Großen Wegschnecken in einen feuchten Unterschlupf zurück und es liegt auf der Hand, dass es ihnen am liebsten wäre, wenn das Futter nicht allzu weit weg von dieser Schlafstatt entfernt zu finden wäre. Ideal aus Schneckensicht ist also eine üppige Nahrungsquelle, etwa in Form von knackigem Salat oder leckeren Blumen, und gleich daneben ein schattiges Plätzchen, an dem die Schnecke heiße, sonnige Tage unbeschadet verbringen kann.

Werfen Sie mit diesem Wissen ausgerüstet einmal einen Blick auf die zu schützenden Beete:

○ Wie sieht es hier mit Unterschlupf für Schnecken aus?
○ Ist der Boden zwischen den Pflanzen mit einer dicken Mulchschicht bedeckt, unter der sich selbst die größten Wegschnecken verstecken können, nachdem sie ausgiebig getafelt haben?
○ Liegen dort Bretter oder Steine als Abgrenzung oder als Tritthilfe für den Gärtner? Wenn ja, haben diese engen Kontakt mit dem Boden oder befinden sich darunter kleinere Hohlräume, in die sich Schnecken zurückziehen können?
○ Stehen die Pflanzen so dicht, dass der Boden ständig beschattet und feucht ist?

In Gärten, wo es von Schnecken nur so wimmelt und wo kaum eine Pflanze vor ihnen sicher scheint, sollte man obige Fragen etwas ernster nehmen, also peinlich darauf achten, dass auf den Beeten keinerlei Schlupfwinkel für Große Wegschnecken und ihren Nachwuchs vorhanden sind. Ist erst einmal Ruhe im Garten eingekehrt, können diese Regeln wieder mehr und mehr gelockert werden und auch dichterer Bewuchs oder Mulchen ist wieder erlaubt.

Gedeckter Tisch: die Kompostanlage

Lange Strecken legen Wegschnecken nur ungern zurück. Vor allem bei anhaltend trockener Witterung bevorzugen sie eine möglichst geringe Distanz zwischen Futterquelle und Unterschlupf.

Der Komposthaufen ist für jede Schnecke ein einziges Schlaraffenland: Feuchte Schlupfwinkel und leckeres, vielseitiges Futter an einem gemeinsamen Ort. Paradiesisch, werden die

Schnecken denken. So manch schneckengeplagter Gärtner wird hier vielleicht ein Schneckenblutbad anrichten wollen, aus lauter Sorge, dass dieselben Tiere sich zu einem späteren Zeitpunkt auf seine geliebten Kulturen stürzen könnten.

Doch Halt! Jetzt müsste beim aufmerksamen Leser der Groschen längst gefallen sein. Richtig! Schnecken sind doch nützliche Tiere. Sie setzen abgestorbenes oder auch frisches Pflanzenmaterial in wertvollen Humus um, den wir für unsere Pflanzen doch haben wollen. Dafür haben wir den Komposthaufen doch irgendwann angelegt. Lassen wir die zum tödlichen Schlag erhobene Schaufel also wieder sinken und gönnen wir den Schnecken ihren Spaß. Hier auf dem Kompostplatz sollten wir es ihnen so gemütlich wie möglich machen.

So sollte die Kompostieranlage von Gehölzen beschattet sein. Sie kann sogar am schattigsten Ort des Gartens platziert werden. Reisig- und Steinhaufen sollten vorerst ebenfalls in diesem Gartenteil untergebracht werden, denn auch hier finden Schnecken einen feuchten Unterschlupf. Und zu guter Letzt: Vergessen Sie bitte das tägliche Füttern der Schnecken mit Grünabfällen nicht!

Bleibt die – berechtigte – Sorge, dass die verwöhnten Feinschmecker nicht jeden Tag Appetit auf welken Salat und andere Küchenabfälle haben, sondern zur Abwechslung gerne einmal einen Abstecher zum verlockend und vielseitig bepflanzten Gemüsebeet oder in die bunte Blumenrabatte machen möchten.

Auf dem Weg dorthin können wir sie jedoch ein wenig ärgern, indem wir ihnen auf ihrer Reise ein paar hübsche Hindernisse in den Weg legen.

Zum einen sollte der Abstand zwischen Kompostanlage und den schützenswerten Beeten so groß wie möglich sein. Zehn oder zwanzig Meter sind für eine Schnecke schon ein kleiner Marathon.

Die Beete verlegt man außerdem in den sonnigsten Teil des Gartens: Pralle Sonne mögen Schnecken überhaupt nicht.

Daneben lassen sich gestalterisch noch ein paar zusätzliche natürliche Barrieren einbauen, die nicht nur unser Auge befriedigen, sondern den Schnecken vermutlich den Angstschweiß auf die Stirn treiben werden.

Natürliche Barrieren

Das Schwimmen haben die in unseren Gärten vorkommenden Landschnecken schon vor langer Zeit verlernt. Jede Art von Gewässer stellt für sie daher eine unüberwindliche Schranke dar.

Zwar gibt es Gärtner, die behaupten, schon Schnecken auf kleinen Holzflößen beim Übersetzen von einem zum anderen Ufer ihres Gartenteiches beobachtet zu haben, doch sind diese Berichte entweder dem Gärtnerlatein zuzuschreiben oder aber aufgrund ihrer Seltenheit nicht weiter zu beachten.

Planen wir also einen Teich oder einen Bachlauf im Garten, so ist es schneckentechnisch sinnvoll, ihn genau zwischen Kompostplatz und Gemüse- oder Ziergarten zu platzieren.

Den gleichen Effekt haben wassergefüllte Dachrinnen, die man überall im Garten im Boden versenken kann. Sind die Enden der Rinnen gut abgedichtet, kommt daran keine Schnecke vorbei. Nebeneffekt dieses Wasserkanalsystems: Es dient allerhand tierischen Gartenbesuchern als Tränke an heißen Sommertagen.

Einbau-Tipp: Um Käfer und andere Insekten vor dem Ertrinken zu schützen, sollten die Wasserrinnen einige Zentimeter aus dem Boden ragen, also etwas weniger tief eingegraben werden als sie selbst tief sind! Legen Sie außerdem Steine oder kleine Äste in die Rinnen, falls doch einmal Insekten ins Wasser fallen sollten. Diese »Rettungsinseln« werden häufig sogar ganz gezielt von Fluginsekten angesteuert, die hier an heißen Tagen gerne ihren Durst stillen.

Weitere natürliche Wanderschranken auf dem Weg zum jungen Gemüse sind:

○ kurz geschorene Rasenflächen,
○ Kieswege oder Rindenmulchwege,
○ der Sandkasten der Kinder und
○ Beete mit Pflanzen, die Schnecken im Allgemeinen verabscheuen oder meiden (siehe ab Seite 89).

Zusätzlich kann man Schutzstreifen von etwa 50 Zentimeter Breite um die gefährdeten Beete legen. Hierfür verwendet man entweder saugfähiges, staubiges oder scharfkantiges Material wie Sägemehl, Holzasche, Eierschalen, Tannennadeln oder Gesteinsmehl (siehe hierzu auch ab Seite 80).

Schneckeneier im Kompost?

Wenn sich Schnecken wohl fühlen, kommt es unweigerlich zu Familiengründungen und damit reichlich Schneckennachwuchs.

Der Komposthaufen scheint ein besonders geeigneter Ort zur Eiablage zu sein. Natürlich besteht deshalb die Gefahr, dass Schneckeneier oder gar schon geschlüpfte Jungschnecken mit dem Kompost auf die Beete gelangen.

Durch einen kleinen Trick können wir diese Gefahr bannen, indem wir unseren Kompost nämlich schon im Spätsommer umsetzen, also noch bevor die Schnecken mit der Ablage ihrer Eier beginnen. Trennen wir also reifen Kompost von grobem und frischem Material schon, bevor es Herbst wird und setzen wir Letzteres zu einem neuen Haufen auf! Die den Kompost bewohnenden Schnecken werden nun freiwillig auf diesen neu angelegten Komposthaufen umziehen und die »fertige« – und um diese Zeit noch schneckeneierfreie – Komposterde kann nach einer kurzen Lagerzeit auf die Beete ausgebracht werden.

Schnecken auf Hochbeeten?

Anders als vielfach angenommen, sind Pflanzen auf Hochbeeten nicht grundsätzlich vor Schneckenfraß geschützt. Vielmehr sollte auch der Hochbeetgärtner einige Aspekte beachten, will er die Schnecken von seinen höher gelegten Beetflächen fernhalten. Im Folgenden einige Anhaltspunkte, wie das schneckenfreie Gärtnern auf Hochbeeten am ehesten gelingt.

- ○ Achten Sie beim Befüllen des Hochbeetes auf schneckenfreies Material. Das meint auch die Eier der Schnecken!
- ○ Überprüfen Sie die direkte Umgebung des Hochbeetes auf Brücken, die von Schnecken genutzt werden können, um die Hochbeetflächen zu erklimmen, wie überhängende hohe Gräser, dichter Wildkrautbewuchs, Hecken, Zäune oder Komposthaufen.
- ○ Gestalten Sie um das Beet herum möglichst viele Schneckenbarrieren, wozu Wege aus Sand, Kies, Eierschalen, Muschelkalk oder Ähnlichem ebenso gehören wie Wasser oder kurz geschorener Rasen.
- ○ Um ganz sicherzugehen, legen Sie um den Fuß des Hochbeetes eine Manschette aus feinem Draht oder einen anderen Schneckenzaun nach Wahl. Das gilt auch für alle anderen möglichen »Zufahrtswege« zum Beet, sodass Schnecken nicht von außen zuwandern können.

○ Verzichten Sie gegebenenfalls auf jeden Bewuchs rund um das Hochbeet.
○ Bevorzugen Sie Hochbeete, die von unten her geschlossen sind, wie betonierte oder gemauerte Hochbeetkonstruktionen.

Die Schnecken aus Nachbars Garten

Doch was nützen die besten Strategien, mit denen man sich gegen die Schneckeninvasion rüstet, wenn nur wenige Meter von unserem Gemüsegarten entfernt der Garten des Nachbarn beginnt und dieser freundliche oder auch weniger freundliche Mensch es sich nun mal in den Kopf gesetzt hat, genau neben unseren Salatköpfen seinen Kompostplatz zu errichten?

Toleranz und guter Wille haben bisher die meisten Gartennachbarschaftsprobleme gelöst und damit sollte man es auch in diesem Fall versuchen. Ein freundliches Wort über den Gartenzaun kann oft Berge versetzen und in diesem Fall vielleicht sogar den Kompostplatz von nebenan.

Es wäre doch gelacht, wenn sich hier nicht auch eine Lösung finden würde. Weitere Beispiele, wie man die Zuwanderung von Schnecken stoppen kann, finden Sie ab Seite 70.

Gefährdete Pflanzen:
Sie haben die Wahl ...

Bis im Garten endlich Friede zwischen Schnecke und Mensch herrscht, muss niemand tatenlos zusehen, wie seine Gartenschätze weiterhin im Magen der hungrigen Kriechtiere verschwinden.

Machen wir uns zuerst einmal klar, dass Nacktschnecken nicht wahllos alles in sich hineinstopfen, was irgendwie grün und knackig aussieht oder nach Pflanze riecht. Sie sind vielmehr recht wählerisch und haben ausgesprochene Lieblingspflanzen.

Solange noch ganze Legionen von Schnecken im Garten leben, sollte man auf solche Schnecken-Futterpflanzen möglichst verzichten.

... Schnecken mästen

Wer Schnecken so sehr liebt, dass er ihnen täglich ihre Lieblingsspeise vorsetzen möchte, sollte folgende Pflanzen einmal ausprobieren. Wer andererseits lieber einen bunt blühenden Garten oder knackiges Gemüse schätzt, sollte hier eine gewisse Vorsicht walten lassen oder vorbeugende Schutzmaßnahmen ergreifen.

Von Schnecken besonders geliebte Pflanzen

Je nach Standortbedingungen kann eine von Schnecken besonders geliebte Pflanze auch gemieden werden und umgekehrt. Am wichtigsten ist es, die Pflanzen stark und gesund zu erhalten – so werden selbst von Schnecken besonders geliebte Pflanzen weniger stark von diesen angegriffen (siehe auch ab Seite 101).

Sommerblumen und Stauden
Bechermalve *(Lavatera trimestris)*
Brennende Liebe *(Silene chalcedonica)*
Canna *(Canna indica)*
Chrysantheme *(Chrysanthemum grandiflorum)*
Dahlie *(Dahlia-Hybriden)*
Engelstrompete *(Brugmansia-Arten)*
Enzian *(Gentiana-Arten)*
Funkie *(Hosta-Arten)*
Gelber Sonnenhut *(Rudbeckia fulgida)*
Glockenblume *(Campanula-Arten)*
Herbstanemone *(Anemone japonica)*
Indianernessel *(Monarda didyma)*
Islandmohn *(Papaver nudicale*)
Japanischer Goldkolben *(Ligularia dentata)*
Kornblume *(Centaurea-Arten,* Wildform meist verschont)
Krötenlilie *(Tricyrtis-Arten)*
Leberbalsam *(Ageratum houstonianum)*
Levkoje *(Matthiola incana)*
Lilie *(Lilium-Arten)*
Lupine *(Lupinus polyphyllus)*
Mädchenauge *(Coreopsis-Arten)*
Ochsenzunge *(Anchusa italica)*
Perlkörbchen *(Anaphalis triplinervis)*

Prachtsalbei *(Salvia splendens)*
Prachtscharte *(Liatris spicata)*
Präriemalve / Schmuckmalve *(Sidalcea candida)*
Rittersporn *(Delphinium-Arten)*
Roter Sonnenhut *(Echinacea purpurea)*
Schwarzäugige Susanne *(Thunbergia alata)*
Sommeraster *(Callistephus chinensis)*
Sonnenblume *(Helianthus annuus)*
Steppensalbei *(Salvia nemorosa subsp. nemorosa)*
Strauchmargerite *(Argyranthemum frutescens)*
Strohblume *(Helichrysum bracteatum)*
Studentenblume *(Tagetes-Arten)*
Tränendes Herz *(Dicentra spectabilis)*
Türkenmohn *(Papaver orientale)*
Wachsglocke *(Kirengeshoma palmata)*
Zinnie *(Zinnia elegans)*

Kräuter und Gemüse

Basilikum *(Ocimum basilicum)*
Blumenkohl *(Brassica oleracea var. botrytis)*
Bohnenkraut *(Satureja hortensis)*
Buschbohnen *(Phaseolus vulgaris var. nanus)*
Chinakohl *(Brassica rapa subsp. chinensis)*
Gemüsepaprika *(Capsicum annuum)*
Gemüseportulak *(Portulaca oleracea)*
Gurken *(Cucumis sativus)*
Kohlrabi *(Brassica oleracea var. gongylodes)*
Kopfsalat *(Lactuca sativa var. capitata)*
Kürbis *(Cucurbita-Arten)*
Mais *(Zea mays)*
Möhre *(Daucus carota subsp. sativus)*
Petersilie *(Petroselinum crispum var. crispum)*
Rotkohl *(Brassica oleracea var. capitata f. rubra)*
Stangenbohnen *(Phaseolus vulgaris var. vulgaris)*
Weißkohl *(Brassica oleracea var. capitata f. alba)*
Zucchini *(Cucurbita pepo convar. giromontiina)*

... Schnecken schrecken

Nun ist nicht jeder bereit, so lange auf diese von Schnecken und Menschen gleichermaßen geliebten Pflanzen zu verzichten, bis sich durch langfristige Maßnahmen die Schneckenzahl im Garten ganz natürlich verringert hat. Und das muss auch gar nicht sein. Wenn es sich nur um wenige dieser Schneckenfutter-Pflanzen handelt, die man in seinem Garten auf gar keinen Fall missen möchte, lohnt sich die Anschaffung spezieller Schne-ckenbarrieren in Form von Kragen, Zäunen, Vlies oder Folie, mit denen man die Plagegeister ganz gezielt vor allem von den jungen Pflanzen fernhalten kann. Ist die entsprechende Pflanze

erst einmal »erwachsen«,
lassen Schnecken ge-
wöhnlich von ihr ab.
Einen besonderen
Schutz benötigen
in den meisten
Fällen lediglich
junge Setzlinge
und Jungpflanzen.

Schneckenzäune

Als unüberwindliche Schneckenbarriere
sind bereits die unterschiedlichsten Modelle von
Schneckenzäunen auf dem Markt. Die Palette reicht
vom Elektrozaun, bei dem die Schnecken mit einem leichten
Stromschlag von etwa neun Volt zum Rückzug veranlasst
werden, über einfache Plastikzäune bis zum Luxuszaun aus
verzinktem Metall.

Es handelt sich hierbei entweder um ein verzinktes Blech
oder ein Drahtgeflecht, welches an seiner aus dem Erdreich
schauenden Oberkante spitzwinklig nach außen gebogen ist.
Damit der Zaun auch rundum schneckendicht ist, werden für
die Ecken besondere Montageteile mitgeliefert.

Diese Zäune sollten eine Höhe von mindestens 15 bis
20 Zentimetern haben. Sie bieten einen sehr wirkungsvollen
Schutz vor Schnecken. Man kann mit ihnen auch die Grenze
zum Nachbargrundstück absichern, falls hier das Schneckenproblem seinen Ursprung haben sollte.

Wichtig ist, dass keinerlei Pflanzenteile über den Schneckenzaun hängen, da diese sonst von Schnecken als eine Art
Brücke benutzt werden. Die Zaunelemente sollten außerdem

möglichst tief im Boden versenkt werden, um auch die unterirdisch lebenden Ackerschnecken wirksam abzuhalten. Zehn Zentimeter reichen meist aus.

Es lohnt sich, die Qualitäten und Preise der verschiedenen Schneckenzäune zu vergleichen. Will man den Zaun langfristig nutzen, ist ein haltbares, verzinktes und meist etwas teureres Modell in jedem Fall einem billigen Plastikzaun vorzuziehen.

Relativ teuer ist ein Elektro-Schneckenzaun. Diese Zäune werden meist mit einer Batterie betrieben. Auf die Technik ist nicht in allen Fällen Verlass: Besonders bei sehr feuchter Witterung, also in Zeiten intensiver Schneckenwanderung, ist häufig mit Kurzschlüssen und Funktionsausfall zu rechnen.

In der ersten Zeit kann es innerhalb des umzäunten Gebietes von Schnecken, die hier noch vor dem Umzäunen Zuflucht in Erdritzen und Spalten gefunden haben oder aus in die Erde abgelegten Eiern schlüpfen, nur so wimmeln. Da hilft nur konsequentes Absammeln: Am besten legt man Bretter oder große Blätter, beispielsweise Rhabarberblätter, auf das Beet, unter denen sich die Schnecken bevorzugt verstecken – so kann man die Schnecken einfach absammeln. Nach einiger Zeit wird Ruhe einkehren, da aufgrund des Schneckenzaunes keine Neuzugänge mehr zu erwarten sind.

Es ist jedoch davon abzuraten, den Großteil des Gartens mit Schneckenzäunen abzudichten, denn in solch einem Garten kann sich niemals ein Gleichgewicht zwischen den einzelnen Tierarten entwickeln. Viele Nützlinge könnten sich nicht mehr frei im Garten bewegen und nur noch recht eingeschränkt auf Jagd gehen. So sollte diese Art der Schneckenabwehr in jedem Fall nur auf recht kleine Bereiche beschränkt bleiben und eine Art vorübergehende Notlösung sein.

Selbstbau eines Schneckenzaunes

Ein Schneckenzaun lässt sich auch sehr gut selbst bauen.

- Dazu benötigt man verzinktes Blech, Draht oder ein Fliegengitter aus Aluminium (Maschenweite maximal zwei Millimeter), welches man in 30 bis 35 Zentimeter breite Streifen zurechtschneidet.
- Die Oberkante dieser Streifen biegt man anschließend wie beim Profi-Zaun im spitzen Winkel nach außen um und gräbt diese Elemente dann um die zu schützenden Beete zehn Zentimeter tief in die Erde ein.
- Besonderes Augenmerk muss man auf die Ecken richten. Es dürfen keine Lücken entstehen. Die Zaunelemente müssen großzügig ineinander geschoben oder miteinander verflochten werden. Die umgeknickte Oberkante darf ebenfalls keine Lücken aufweisen. Hierfür werden kleinere Drahtteile zurechtgeschnitten und an den Ecken befestigt, um den dachartigen Abschluss der Zaunkante zu vervollständigen.
- Braucht man den einst so teuer angeschafften Zaun eines Tages nicht mehr, so lässt er sich unkompliziert in kleinere Schneckenkragen zuschneiden, die man immer mal wieder gebrauchen kann.

Mich trifft der Schlag!

Schneckenkragen, Vlies und Folie

Einzelne Pflanzen schützt man am einfachsten mit einem Kragen, der wie ein »Mini-Schneckenzaun« wirkt. Man kann auf fertige Modelle zurückgreifen oder einen passenden Kragen selbst herstellen. Der Fantasie sind hierbei keine Grenzen gesetzt, Experimentieren ist erlaubt:

○ Sehr beliebt sind Plastikflaschen, die man oben und unten abschneidet. Die Oberkante wird mehrfach eingeschnitten und nach außen umgeknickt. Den so entstandenen Ring stülpt man über die Pflanzen. Wenn die gewinkelte Oberkante fehlt, sollte man als zusätzlichen Schutz ein luftdurchlässiges Gewebe darüberspannen, etwa ein Stück Nylonstrumpf, welches mit einem Gummi befestigt wird.

○ Für größere Pflanzen kann man auch große Plastikblumentöpfe verwenden. Dort schneidet man den Boden ab.

○ Daneben können alle erdenklichen Materialien zu einem Schnecken abhaltenden Kragen umgebaut werden. Pappe etwa ist zwar nicht sehr haltbar, aber zum vorübergehenden Schutz für Jungpflanzen, bis diese »aus dem Gröbsten heraus« sind, durchaus geeignet. Die Pappe wird wie die oben beschriebenen Schneckenzaunelemente zugeschnitten, die Oberkante nach außen umgeknickt und etwas eingeschnitten. Anschließend gräbt man dieses »Zäunchen« um die Pflanze herum in den Boden ein. Die Enden befestigt man mit Wäscheklammern, Büroklammern oder Ähnlichem oder man »tackert« sie mit einem entsprechenden Gerät zusammen. Es schadet nicht, wenn zusätzlich ein Streifen aus scharfkantigem Sand, Sägemehl oder Gesteinsmehl von außen um den Kragen herumgestreut wird.

○ Manchmal kann schon ein über die Pflanzen gelegtes Vlies oder Netz helfen, Schnecken von den Pflanzen abzuhalten.

Es muss hierfür jedoch lückenlos in die Erde eingegraben werden. Eine tägliche Kontrolle ist außerdem angebracht, um sicherzustellen, dass keine Schnecken unter dem Netz versteckt sind, die nun dort in aller Ruhe und ungestört ihre Mahlzeiten einnehmen können.

Schnecken absammeln

Zusätzlich lohnt es sich, Nacktschnecken konsequent aus dem Garten abzusammeln. Insbesondere dann, wenn es am Anfang trotz aller Maßnahmen für ein biologisches Gleichgewicht so aussieht, als würden die ungebetenen Gartengäste einfach nicht weniger werden. Beschleunigen kann man das Absammeln, indem man den feuchtigkeitsliebenden Weichtieren speziellen Unterschlupf anbietet, unter dem sie sich tagsüber verstecken können. Hierfür eignen sich:

○ Bretter,
○ umgedrehte Ton- oder Plastiktöpfe,
○ Rhabarberblätter,
○ dicke Plastikfolie,
○ Rindenstücke,
○ feuchte Säcke,
○ Dachziegel.

So vorbereitet kann mit dem Absammeln beginnen: Man stelle einen Eimer bereit und gegebenenfalls etwas, womit man die schleimigen Tiere greifen kann, ideal ist eine Art Grillzange. Kommt man nämlich mit dem zähen Schleim der Schnecke in Kontakt, lässt sich dieser nur mit großer Mühe wieder von der Haut entfernen.

Jeden Morgen sucht man nun alle bekannten Tagesverstecke der Schnecken ab. So kommt meist eine ganz schöne Menge an Tieren zusammen.

Nächtliche Schneckenjagd

Auch nachts lohnt sich die Schneckenjagd, denn dies ist ja genau die Zeit, in der die Schnecken besonders aktiv sind.

Bewaffnet mit Eimer, Greifzange und Taschenlampe schleicht sich die schneckengebeutelte Gärtnerin nun also nächtes in den stockdunklen Garten. Noch am Abend zuvor hat es leicht geregnet und der Garten glänzt vor Nässe. Ausgezeichnetes Schneckenwetter also ...

Sie geht über die Terrasse und betritt den mit Platten verlegten Weg, der sie quer durch den Garten zu ihren kostbaren Pflanzenschätzen führen soll. Doch schon beim ersten Schritt rutscht die mutige Gärtnerin aus. Beim zweiten kommt sie erneut ins Schliddern.

Entsetzt richtet sie ihre Taschenlampe auf den Boden zu ihren Füßen und lässt den Strahl dann über den Weg huschen. Sie schreit leise auf. Hunderte, wenn nicht Tausende der schlüpfrigen Pflanzendiebe scheinen bewegungslos auf der Lauer zu liegen! Jeder einzelne von ihnen mit einem riesenhaft wirkenden schwarzen Schatten versehen.

»Als hätten sie bereits auf mich gewartet«, denkt die Schneckenjägerin entsetzt.

Spätestens jetzt erkennt sie, dass die nächtliche Schneckenjagd nichts für schwache Nerven ist! Doch so leicht will sie nicht aufgeben. Sie denkt an ihren Rittersporn und schreitet vorsichtig voran, immer im Slalom und auf Zehenspitzen um die lebenden Hindernisse herum laufend. Schweißgebadet erreicht sie schließlich das Beet, auf dem sie ihre herrlich blühenden Rittersporne noch vor wenigen Stunden so sehr bewundert hat.

Der Anblick, der sich ihr nun im Schein ihrer Taschenlampe bietet, lässt die Gärtnerin erstarren.

Dann erschüttert ihr lauter und schriller Entsetzensschrei die Stille des nächtlichen Gartens!

Dicke fette Nacktschnecken sitzen dort, geschickt die Balance haltend, auf den Zweigen ihrer geliebten Pflanzen. Und es sind so viele! Schnecken aller Arten sind gerade dabei, sich ihre prächtig entwickelten Rittersporne mit Blatt und Stängel einzuverleiben.

Im Nachbarhaus geht das Licht an. Mit dem Mut der Verzweiflung sammelt die traumatisierte Gärtnerin alle Schnecken von ihren Lieblingspflanzen und hastet dann eilig zum Haus zurück. Dreimal rutscht sie noch aus, bis sie endlich die rettende Terrassentür erreicht.

»Geschafft«, denkt sie erschöpft. Doch dann erblickt sie den Eimer in ihrer Hand. Voller Entsetzen muss sie mit ansehen, wie die schleimigen Übeltäter – viel schneller als vermutet – gerade dabei sind, über den Rand des Eimers hinwegkriechend schnurstracks in die Freiheit zu entweichen. Worüber sie sich bisher noch gar keine Gedanken gemacht hat, ist die Frage, was sie nun mit den gesammelten Schnecken tun soll.

Wohin mit den abgesammelten Schnecken?

Da wir das Schneckenmorden von Menschenhand hier nicht empfehlen möchten und auch das »Entsorgen« in Form von »Flugschnecken« Richtung Nachbargarten nicht gerade die feinste Art der Schneckenreduktion ist und die Schnecken außerdem zur »Heimkehr« einlädt, empfehlen wir entweder das Aussetzen der Tiere auf einer Wiese, Weide oder einfach mitten im Wald. Oder aber – und das ist die ökologisch beste, jedoch einigen Mut erfordernde Möglichkeit – wir siedeln die Schnecken auf den Kompostplatz unseres Gartens um!

Sofern wir die Gartenstrukturen derart verändert haben, dass unser Komposthaufen relativ isoliert in einer schattigen Gartenecke vor sich hin rottet, werden die Schnecken nicht oder kaum zu den Orten ihrer früheren Verwüstung zurückkehren können. Wir verordnen ihnen auf diese Weise lebenslange »Zwangsarbeit« und verdammen sie dazu, unsere Gartenabfälle tagein und tagaus in wertvollen Humus zu verwandeln.

Abgesammelte Nacktschnecken zu töten ist keine Alternative und kontraproduktiv: Tote Schnecken locken zahlreiche Artgenossen an, welche sich dann an den Schneckenkadavern gütlich tun. Man sollte daher tote Schnecken im Garten unbedingt vermeiden.

Schutzstreifen

Nur mithilfe ihres Sohlenschleimes kann die Schnecke vorwärts kriechen. Aus Drüsen scheidet sie das schleimige Sekret fortwährend aus. Ist die Umgebung feucht genug, wird der permanente Flüssigkeitsverlust schnell wieder ausgeglichen. Vor allem trockenes, staubiges Material kann von Schnecken nur mithilfe einer »Extraportion« Schleim überwunden werden. Wenn möglich meidet die Schnecke also einen Untergrund, der sie zur Abgabe von zusätzlichem Schleim zwingt.

Eine großzügig um die gefährdete Pflanze herum ausgestreute Fläche (Radius wenigstens 30 Zentimeter) stellt daher ein schwer zu überwindendes Hindernis auf dem Weg zur Futterquelle dar. **Folgende Materialien eignen sich zum Bestreuen des Bodens rund um gefährdete Pflanzen:**

Sägemehl (unbehandeltes Holz)	preisgünstig und leicht erhältlich; muss bei Regen erneuert werden; führt in zu großer Menge zur Stickstofffixierung im Boden
Holzwolle	Schicht zehn Zentimeter dick
Koniferennadeln, klein geschnittene Tannenzweige	keine Fichtennadeln auf Gemüsebeeten verwenden
Getreidespreu, gehäckseltes Stroh	besonders scharfkantig ist Gerstenstroh
Sand, Kies	wirkt nur ab einer Mindestbreite von einem Meter, z. B. als Weg

Eierschalen	das Ansammeln großer Mengen dauert lange
Gesteinsmehl	schneckenabweisend nur bei trockenem Wetter; bodenverbessernde Wirkung
Algenkalk, Magnesiumkalk	pH-Wert des Bodens kontrollieren (er sollte einen Wert zwischen 6 und 7 haben)!
Lavagranulat, Splitt	wirkt nur ab einer Mindestbreite von einem halben Meter, z. B. als Weg

Nicht jedes Material eignet sich für Schutzstreifen oder Sperrstreifen zur Schneckenabwehr. **Eher ungeeignet sind:**

Ätzkalk (ungelöschter Kalk, Calciumoxid)	nach den Richtlinien des ökologischen Landbaus nicht zugelassen

gelöschter Kalk (Calciumhydroxid)	nur für schwere, sehr lehmhaltige Böden zu empfehlen; erhöht den pH-Wert, nicht unkontrolliert ausbringen
Kohlenasche	reichert den Boden mit Schwermetallen an
Holzasche	kann Rückstände enthalten sowie reichlich Phosphor, Kalium und Calcium; weil dies den Nährstoffhaushalt des Bodens durcheinander bringen kann, nur in sehr kleiner Menge im Garten ausbringen
Alaunsalze, Kalisalze	wirken als Kalidünger, daher nicht unkontrolliert ausbringen
Kupfersulfat	reichert sich im Boden an

Echt fies: Nikotinfallen!

Schnecken mögen keinen Kaffee!

Eine vielversprechende Entdeckung, die alle Gärtner mit Schneckenproblemen interessieren wird, machten Wissenschaftler durch einen reinen Zufall. Auf der Suche nach einem Mittel gegen die Froschplage auf Hawaii kam auch eine koffeinhaltige Lösung zum Einsatz. Während sich die Frösche jedoch völlig unbeeindruckt zeigten, suchten die Schnecken entsetzt das Weite. Eine Lösung mit einem Koffeingehalt von 0,1 Prozent scheint die richtige Konzentration für die Schneckenabwehr zu sein. Eine normale Tasse Kaffee enthält etwa 0,5 Prozent Koffein, sodass man diesen noch einmal mit etwa vier Teilen Wasser verdünnen sollte, bevor man ihn im Garten ausbringt.

Die Lösung wird am besten direkt auf die Pflanzen oder auf den Boden rund um die Pflanzen gesprüht, bis das Erdreich gut feucht ist. Sie zwingt die Schnecken zur Umkehr, vermutlich wirkt das im Kaffee enthaltene Koffein als Nervengift.

Da nicht sicher ist, ob alle Pflanzen zu den Kaffeeliebhabern gehören und diese Behandlung schadlos überstehen, ist ein vorsichtiges Antesten dieser Methode ratsam.

Auch Chilipulver soll an trockenen Tagen vor Schneckenfraß schützen. Das scharfe Gewürz wird hierzu sehr dünn über die Pflanzen gestäubt.

Granulat und Gel

Einzelne, besonders wertvolle Pflanzen können auch mit speziellen Präparaten vor Schnecken geschützt werden.

So gibt es ein abwehrendes Gel auf der Grundlage von natürlichen Fettsäuren, das mit einem Pinsel zehn Zentimeter breit auf die Beeteinfassungen aufgetragen wird und laut Herstellerangaben weder Tiere noch Pflanzen schädigen soll.

Ebenfalls unschädlich für die Umwelt soll ein stark duftendes Granulat sein. Dieses schneckenabwehrende Granulat verliert seine Wirksamkeit jedoch bei heftigen Regenfällen (Bezugsquellen siehe ab Seite 135).

Schneckenkorn

Des Gärtners liebste Anti-Schneckenmittel – so könnte man alle unter dem Oberbegriff »Schneckenkorn« einzuordnenden Substanzen auch nennen.

Es ist ja auch so einfach: Packung öffnen und die Körner rund um die Pflanzen streuen. Schon am nächsten Morgen hat das Mittel seinen Dienst getan, zu erkennen an den zahlreichen verendeten Schnecken oder glänzenden Schleimspuren auf den Beeten.

Schneckenkorn mit dem Wirkstoff Methiocarb sollte auf keinen Fall im Garten verwendet werden, da es sich hierbei um ein hochwirksames Nervengift handelt. Die meisten Nützlinge, darunter Laufkäfer und Igel, sowie Haustiere und sogar der Mensch können durch den Wirkstoff geschädigt werden. Gärtner, die dieses Mittel mit der bloßen Hand ausgebracht hatten, klagten später über Schwindel, Übelkeit und Brustschmerzen!

Daneben gibt es ein Schneckenkornpräparat, dessen Wirkung auf den Substanzen Eisen-III-phosphat, eine auch in der Natur vorkommende Verbindung, oder Metaldehyd basiert. Diese Substanzen bewirken nach ihrem Verzehr Zellveränderungen bei den Schnecken, welche daraufhin im Fall von Eisen-III-phosphat ihre Nahrungsaufnahme einstellen, sich verkriechen und bald sterben.

Metaldehyd wirkt durch Wasserentzug und schädigt die schleimbildenden Zellen. Wird der Flüssigkeitsverlust beispielsweise durch Regen kurz nach dem Verzehr des Schneckenkorns wieder ausgeglichen, kann das Mittel wirkungslos bleiben. Durch vermehrte Schleimabsonderung versuchen die Tiere, diesen Wirkstoff wieder auszuscheiden. Größere Schnecken schaffen es manchmal, sich nach der Aufnahme von Schneckenkorn wieder zu erholen. Die natürlichen Feinde der Schnecken sowie Regenwürmer und andere Bodenlebewesen sollen durch diese Schneckenkornarten laut Hersteller nicht gefährdet werden. Hierzu existieren jedoch unterschiedliche Meinungen. Der Wirkstoff Metaldehyd steht im Verdacht, Regenwürmern, Bienen und Vögeln zu schaden.

Durch die Verwendung von Schneckenkorn bildet sich außerdem ein Teufelskreis, da die Ursachen für das Übermaß der Schnecken weder erkannt noch bekämpft werden, die Schnecken also nicht weniger werden. Das macht einen ständigen Einsatz von Schneckenkorn nötig.

Bierfallen

Dass Schnecken Bier mögen, weiß heutzutage jedes Kind, vor allem aber weiß es jeder Gärtner und jede Gärtnerin.

Ihre Vorliebe für ein leckeres Bierchen am Abend lässt die Schnecken schon fast menschlich wirken. Nur scheinen die sensiblen Tierchen ihre »Sucht« absolut nicht im Griff zu haben. Nicht gerade selten endet das gesellige nächtliche Trinkgelage mit dem Tod der anscheinend nicht besonders trinkfesten Kriechtiere.

Alkohol hat auf Schnecken eine stark entwässernde sowie lähmende Wirkung, was dazu führt, dass kleinere Tiere rasch sterben. Oder aber die Schnecken fallen in das Bier hinein und ertrinken dort jämmerlich.

»Ist doch prima«, werden alle Schneckengegner denken und weiterhin fleißig Behälter mit dem Gerstensaft füllen und diese anschließend ebenerdig in den Boden eingraben, damit sich die »Schleimis« auch bequem daran bedienen können.

Weitersagen: Frische Bierfallen in Rosenweg 8!

Doch auch hier möchten wir keine »Lizenz zum Schnecken-töten« vergeben. Denn: Die Nachteile des »Bierfallenstellens« wiegen in der Endabrechnung doch etwas schwerer als der ver-meintliche Nutzen. So lockt der Geruch des Bieres Schnecken von weit her an, sodass deren Anzahl im Garten eher noch ansteigt. Auf dem Weg zur Falle wird – vermutlich, um sich eine gute Unterlage vor dem »Besäufnis« zu schaffen – munter alles verzehrt, was der Schnecke so vor die Nase gerät. Einige

Nützlinge, wie etwa Laufkäfer, können darüber hinaus in den ebenerdigen Behältnissen ertrinken.

Ja, und da wäre noch etwas … Zuweilen wird von laut schnarchenden Wesen berichtet, die nach durchzechter Nacht im Blumenbeet liegend ihren Rausch ausschlafen.

In den allermeisten Fällen handelt es sich hierbei nicht um einen verloren gegangenen Nachbarn, vielmehr haben wir es hier normalerweise mit einem trunksüchtigen Igel zu tun. Die stacheligen Vierbeiner fallen neuerdings immer häufiger durch ihren recht unsoliden Lebenswandel auf. Sie scheinen weder das Bier als Getränk zu verschmähen noch meiden sie alkoholisierte Schnecken, selbst wenn sie ihnen als »Schnapsleichen« vor die Schnauze geraten. Weckt man die üblen Zecher auf, so laufen sie im Zickzack torkelnd davon. Der gerade noch vertretbare Promillewert wurde hier zweifelsohne weit überschritten.

Leider vergessen die Tiere in ihrem bedauernswerten Zustand auch, sich nach Igelmanier zum Schlafen einzurollen, sodass sie leichter zur Beute ihrer Feinde werden.

Wenn wir also möchten, dass Igel und andere, vom rechten Pfad abgekommene Gartenbewohner dem übermäßigen Alkoholkonsum in Zukunft wieder abschwören, sollten wir auf Bierfallen im Garten besser verzichten.

Schnecken ködern

Oftmals wird empfohlen, Schnecken mit speziellen Ködern wie Kartoffelstückchen, fauligen Früchten, Hunde- oder Katzenfutter und anderem anzulocken, um sie entweder von den zu schützenden Pflanzen abzulenken oder um sie am nächsten Tag leichter einsammeln zu können. Ähnlich wie bei den Bierfallen lockt man hierdurch jedoch weitere Schnecken in den Garten, was auf lange Sicht das Schneckenproblem eher verschlimmert.

Das Auslegen von Ködern sollte daher immer nur im Ausnahmefall geschehen, beispielsweise bei der Aussaat von extrem gefährdeten Pflanzen. Hier könnte man den Köder in einiger Entfernung auslegen und die Schnecken so lange damit füttern, bis die Saat aufgegangen ist und die Pflanzen eine ausreichende, für Schnecken nicht mehr interessante Größe erreicht haben.

Pflanzen, die von Schnecken gemieden werden

Verderben Sie den Schnecken den Appetit!

Bis sich ein funktionierendes biologisches Gleichgewicht im Garten einstellt, kann schon einige Zeit vergehen: Wer sich bis dahin trotz einer noch übermächtigen Schneckenmannschaft am gesunden Wuchs seiner Pflanzen erfreuen und keine besonderen Schutzmaßnahmen ergreifen möchte, sollte zunächst auf Pflanzen zurückgreifen, die von den meisten Schnecken gemieden werden.

Natürlich hält sich nicht jede Schnecke an diese Pflanzenauswahl, da ihr Appetit von Region zu Region unterschiedlich ausfallen kann: Hierfür sind viele verschiedene Faktoren verantwortlich wie die Artenzusammensetzung der Schnecken im jeweiligen Gebiet, das Pflanzenangebot des Gartens oder der Standort der Pflanzen.

Erfahrungsgemäß werden jedoch einige Pflanzen weitaus seltener von Schnecken heimgesucht als andere. Baut man diese bevorzugt an, finden die Schnecken weniger Nahrung und ziehen sich mit der Zeit aus den Beeten zurück.

Sommerblumen

Bartnelke *(Dianthus barbatus)*
Begonie *(Begonia semperflorens*)
Duftsteinrich *(Lobularia maritima)*
Erdrauch *(Fumaria-Arten)*
Eselsdistel *(Onopordum acanthium)*
Gänseblümchen *(Bellis perennis)*
Goldlack *(Erysimum cheiri)*
Goldmohn (Kalifornischer Mohn) *(Eschscholzia californica)*
Jungfer im Grünen *(Nigella damascena)*
Kapuzinerkresse *(Tropaeolum-Arten)*
Kosmea (Schmuckkörbchen) *(Cosmos-Arten)*
Leinkraut *(Linaria-Arten)*
Lobelie *(Lobelia erinus)*
Löwenmäulchen *(Antirrhinum-Arten)*
Papierblume *(Xeranthemum annuum)*
Portulakröschen *(Portulaca grandiflora)*
Ringelblume *(Calendula officinalis)*
Saatwucherblume *(Chrysanthemum segetum)*
Vergissmeinnicht *(Myosotis sylvatica)*
Wicke *(Lathyrus odoratus)*
Wilde Karde *(Dipsacus sylvestris)*

Stauden, Zwiebeln und Knollen

Für halbschattige Standorte
Astilbe (Prachtspiere) *(Astilbe japonica)*
Bergenie *(Bergenia-Arten)*
Christrose *(Helleborus niger)*
Elfenblume (Sockenblume) *(Epimedium grandiflorum)*

Echtes Lungenkraut *(Pulmonaria officinalis)*
Frauenmantel *(Alchemilla mollis)*
Geißbart *(Aruncus dioicus)*
Gelappter Schildfarn *(Polystichum aculeatum)*
Golderdbeere (Waldsteinie) *(Waldsteinia ternata)*
Hainveilchen *(Viola riviniana)*
Herbstalpenveilchen *(Cyclamen hederifolium)*
Herbstanemone *(Anemone hupehensis 'September Charm')*
Hirschzungenfarn *(Phyllitis scolopendrium)*
Japanischer Glanzschildfarn *(Polystichum polyblepharum)*
Kambrischer Mohn *(Meconopsis cambrica)*
Kaukasus-Vergissmeinnicht *(Brunnera macrophylla)*
Kriechender Günsel *(Ajuga reptans)*
Leberblümchen *(Hepatica nobilis var. nobilis)*
Maiglöckchen *(Convallaria majalis)*
Mädesüß *(Filipendula ulmaria)*
Pfennigkraut *(Lysimachia nummularia)*
Polsterglockenblume *(Campanula poscharskyana)*
Purpurglöckchen *(Heuchera-Arten)*
Roter Fingerhut *(Digitalis purpurea)*
Schachblume *(Fritillaria meleagris)*
Schwertlilie *(Iris-Arten)*
Steinbrech *(Saxifraga-Arten)*
Storchschnabel *(Geranium-Arten)*
Straußfarn (Trichterfarn) *(Matteuccia struthiopteris)*
Traubenhyazinthe *(Muscari armeniacum)*
Tulpen *(Tulipa-Arten)*
Wald-Ziest *(Stachys sylvatica)*

Für vollsonnige Standorte
Alpen-Berufskraut *(Erigeron alpinus)*
Ballonblume *(Platycodon grandiflorus)*

Ehrenpreis *(Veronica-Arten)*
Eisenkraut *(Verbena officinalis)*
Felsen-Steinkraut *(Aurinia saxatilis)*
Fetthenne *(Sedum-Arten)*
Gelenkblume *(Physostegia virginiana)*
Gewöhnliche Nachtkerze *(Oenothera biennis)*
Gilbweiderich *(Lysimachia-Arten)*
Goldrute *(Solidago-Arten)*
Gräser wie Japan-Segge *(Carex morrowii)*
Hauswurz *(Sempervivum-Arten)*
Himmelsleiter *(Polemonium caeruleum)*
Kleinblütige Königskerze *(Verbascum thapsus subsp. thapsus)*
Kreuzlabkraut *(Cruciata-Arten)*
Kronenlichtnelke *(Lychnis coronaria)*
Küchenschelle *(Pulsatilla vulgaris)*
Kugeldistel *(Echinops-Arten)*
Margerite *(Leucanthemum-Arten)*
Missouri-Nachtkerze *(Oenothera macrocarpas)*
Nachtviole *(Hesperis matronalis)*
Pfingstrose *(Paeonia lactiflora)*
Phlox *(Phlox paniculata)*
Platterbse *(Lathyrus latifolius)*
Purpur-Königskerze *(Verbascum phoenicum)*
Riesen-Zierlauch *(Allium giganteum)*
Rosenprimel *(Primula rosea)*
Rote Spornblume *(Centranthus ruber)*
Schafgarbe *(Achillea-Arten)*
Scharfes Berufkraut *(Erigeron acris)*
Schleierkraut *(Gypsophila repens)*
Schleifenblume *(Iberis sempervirens)*
Schwarze Königskerze *(Verbascum nigrum)*
Sonnenbraut *(Helenium-Arten)*

Sonnenröschen *(Helianthenum-Arten)*
Trauben-Silberkerze *(Cimicifuga racemosa)*
Walzenwolfsmilch *(Euphorbia myrsinites)*
Wollziest *(Stachys byzantina)*

Gemüsearten und duftende Kräuter

Bärlauch *(Allium ursinum)*
Bergbohnenkraut *(Satureja montana)*
Borretsch *(Borago officinalis)*
Currykraut *(Helichrysum italicum)*
Eberraute *(Artemisia abrotanum)*
Echte Kamille *(Matricaria recutita)*
Echter Baldrian *(Valeriana officinalis)*
Echtes Johanniskraut *(Hypericum perforatum)*
Endivie *(Cichorium endivia)*
Erbse *(Pisum sativum)*
Feldsalat *(Valerianella locusta)*

Knoblauch *(Allium sativum)*
Kresse *(Lepidium sativum)*
Lauch (Porree) *(Allium porrum)*
Lavendel *(Lavandula angustifolia)*
Mutterkraut *(Chrysanthemum parthenium)*
Pastinak *(Pastinaca sativa)*
Rhabarber *(Rheum rhabarbarum)*
Rosmarin *(Rosmarinus officinalis)*
Rucola *(Diplotaxis tenuifolia)*
Salat, rotblättrige Sorten wie Lollo rosso
Schnittlauch *(Allium schoenoprasum)*
Spargel *(Asparagus officinalis)*
Thymian *(Thymus-Arten)*
Tomate *(Lycopersicon esculentum)*
Tripmadam *(Sedum reflexum)*
Waldmeister *(Galium odoratum)*
Wegwarte, Zichorie *(Cichorium intybus)*
Wermut *(Artemisia absinthium)*
Wilder Majoran *(Origanum vulgare)*
Ysop *(Hyssopus officinalis)*
Zitronengras *(Cymbopogon citratus)*
Zitronenmelisse *(Melissa officinalis)*
Zwiebel *(Allium cepa)*

Einige dieser Köstlichkeiten aus dem Gemüse- oder Kräuterbeet verabscheuen Schnecken regelrecht. So scheinen sie Gewächse der Zwiebelfamilie nicht recht zu mögen. Um duftende Kräuter machen Schnecken in der Regel ebenfalls einen großen Bogen.

Es ist daher also durchaus sinnvoll, Pflanzen aus diesen Listen auch als Schutzstreifen um andere, mehr gefährdete Arten zu setzen. Je nach Schneckendichte sind gegebenenfalls jedoch weitere Schutzmaßnahmen nötig.

Wilde Schönheiten

Wer es mit der Natur in seinem Garten wirklich ernst meint, sollte möglichst viele Wildpflanzen darin ansiedeln. Auch unter den Wildpflanzen gibt es relativ »schneckenfeste« Gewächse, die neben ihrer Resistenz gegen Schnecken den Pluspunkt besitzen, viele nützliche Tiere zu ernähren und diesen so eine Lebensgrundlage zu bieten.

Aus der großen Fülle heimischer Gewächse soll im Folgenden eine Auswahl vorgestellt werden, die einerseits von Schnecken verschont wird und sich andererseits durch ihren besonderen Zierwert sowie ihre ökologische Funktion ganz besonders für einen Anbau im Garten eignet.

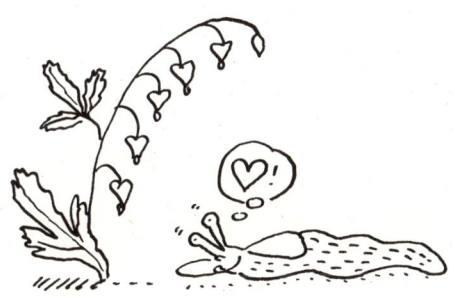

Für sonnige Standorte
Alpen-Mannstreu *(Eryngium alpinum)*
Äußerst attraktive mittelhohe Staude mit stachelig wirkender Erscheinung und amethystblauen Blüten.

Bachnelkenwurz *(Geum rivale)*
Niedrige Staude mit nickenden, rotbraunen Blütenkelchen für feuchte bis nasse Standorte.

Bergaster *(Aster amellus)*
Mittelhohe, im Herbst blühende Staude mit lilafarbenen Korbblüten für alle Standorte.

Blutweiderich *(Lythrum salicaria)*
Hohe, pinkfarbene Blüten tragende Staude mit langen, hoch
aufgerichteten Blütenständen für feuchte bis nasse Standorte.

Gewöhnliche Grasnelke *(Armeria maritima)*
Polsterbildende Staude mit rosafarbenen Blütenbüscheln auf
kurzen Stielen.

Heidenelke *(Dianthus deltoides)*
Polsterbildende Staude mit unzähligen purpurfarbenen Blüten,
auch für Kübel und Balkonkasten bestens geeignet.

Kartäusernelke *(Dianthus carthusianorum)*
Polsterbildende Staude mit pinkfarbenen Blüten auf langen
Blütenstielen für trockenere Standorte.

Kopflauch *(Allium sphaerocephalon)*
Zwiebelpflanze mit violetten Blütenköpfen auf langen Stielen
für trockene, sandige Böden.

Moschusmalve *(Malva moschata)*
Mittelhohe Staude mit großen hellrosa Blüten.

Natternkopf *(Echium vulgare)*
Mittelhohe Staude mit herrlich blauen Blüten für sandige,
steinige oder lehmige Böden.

Orangerotes Habichtskraut *(Hieracium aurantiacum)*
Polsterbildende Staude mit büschelig angeordneten, kräftig
orangen Korbblüten auf langen Stielen für frische Böden.

Rispen-Flockenblume *(Centaurea stoebe)*
Mittelhohe Staude mit rosa-violetten, fransigen Blüten für alle
Standorte.

Trollblume *(Trollius europaeus)*
Attraktive Wildpflanze mit kugelrunden, goldgelben Blüten
für den Teichrand.

Zypressen-Wolfsmilch *(Euphorbia cyparissias)*
Mittelhohe, dekorative Staude mit gelben Blüten und nadel-
förmigem Laub für sandige oder steinige Böden.

Für sonnige und halbschattige Standorte

Blauer Eisenhut *(Aconitum napellus)*
Hohe Staude mit tiefblauen Rachenblüten und Seltenheitswert.
Wächst vor allem an nährstoffreichen, feuchten Standorten.

Doldenmilchstern *(Ornithogalum umbellatum)*
Niedrige Zwiebelblume mit sternförmigen, reinweißen Blüten.

Echtes Seifenkraut *(Saponaria officinalis)*
Mittelhohe, üppig blühende Staude mit duftenden, weißrosa
Blüten für frische Böden.

Gewöhnliche Akelei *(Aquilegia vulgaris var. vulgaris)*
Mittelhohe Staude mit aparten Blüten von blau über rosa, weiß
bis dunkelviolett.

Gewöhnliches Katzenpfötchen *(Antennaria dioica)*
Niedrige Polsterstaude mit rosafarbenen Blüten auf kurzen
Stängeln für sandige oder kiesige Böden.

Große Sterndolde *(Astrantia major)*
Mittelhohe, aufrecht wachsende und sehr dekorative Staude
mit großen, rötlich weißen Doldenblüten für frische, lehmige
Böden.

Klatschmohn *(Papaver rhoeas)*
Mittelhohe, zierlich wachsende einjährige Wildblume mit
leuchtend roten Blüten.

Kleines Immergrün *(Vinca minor)*
Bodendeckender Halbstrauch mit blauvioletten Blüten.

Knollen-Platterbse *(Lathyrus tuberosus)*
Kletternde Staude mit rosaroten Blüten für Zäune, Mauern oder Balkon.

Kornrade *(Agrostemma githago)*
Schlanke, aufrecht wachsende einjährige Wildblume mit trichterförmigen, lilafarbenen Blüten.

Kuckuckslichtnelke *(Lychnis flos-cuculi)*
Mittelhohe Staude mit rosafarbenen, zarten Fransenblüten für feuchte bis nasse Böden.

Pfingstnelke *(Dianthus gratianopolitanus)*
Polsterbildende Staude mit großen pinkfarbenen Blüten für steinige oder sandige Böden.

Prachtnelke *(Dianthus superbus)*
Mittelhohe Staude mit duftenden, fransigen, rosafarbenen Blüten.

Rauer Alant *(Inula hirta)*
Mittelhohe Staude mit gelben Korbblüten für trockene und steinige Standorte.

Sand-Thymian *(Thymus serpyllum)*
Polsterartiger Halbstrauch mit kriechenden Ausläufern und winzigen, rosafarbenen Blüten.

Schwarzviolette Akelei *(Aquilegia atrate)*
Mittelhohe Staude mit ungewöhnlichen schwarzvioletten Blüten.

Wiesenbocksbart *(Tragopogon pratensis)*
Staude mit gelben Korbblüten und riesigen Pusteblumen.

Für schattige Standorte
Waldgeißbart *(Aruncus dioicus)*
Stattliche Staude mit gelblich weißen Blüten für frische bis feuchte Standorte.

Widerstandsfähige Pflanzen

Da Schnecken eine Art Müllschlucker und Gesundheitspolizei in einem sind, nehmen sie mit ihrem gut entwickelten Geruchssinn vor allem die »Schwächlinge« im Garten wahr und vertilgen diese dann ohne Wenn und Aber. Generell aufmerksam sein sollte man daher bei verletzten und geschwächten Pflanzen.

Vorsicht beim Pikieren!

Viele Pflanzen könnten vielleicht heute noch unter uns sein, wenn wir beim Pflanzen einige Vorsichtsmaßnahmen getroffen hätten.

Beim Pikieren von winzigen Pflanzenkindern wird sehr häufig oberirdisches Pflanzen- sowie Wurzelgewebe verletzt, was mit bloßem Auge kaum erkennbar ist. Jede Verletzung führt jedoch unweigerlich zur Fäulnisbildung. Mit ihrem ausgezeichneten Geruchssinn finden die Schnecken diese Pflanze nun mit tödlicher Sicherheit: Und wenn man schon mal da ist, kann man gleich auch noch die restlichen Pflanzen vertilgen.

Wir sollten daher besser nicht direkt aufs Beet pikieren, sondern die vereinzelten Pflänzchen noch so lange in einer geschützten Umgebung lassen, bis sie sich von dem Pikiervorgang ausreichend erholt haben.

Beim späteren Pflanzen an ihren endgültigen Standort werden die Setzlinge vorsichtig aus ihrem Pflanztopf genommen. Man achte sorgfältig darauf, dass dabei die Wurzelballen der Pflanzen intakt bleiben und keine Blätter gequetscht oder gar eingerissen werden!

Steinmehl, über die frisch gesetzten Pflanzen gestäubt, schreckt Schnecken ab, wirkt jedoch nur kurzfristig und bei trockenem Wetter.

Der richtige Standort

Jede Pflanze hat ganz bestimmte Standortansprüche, die man unbedingt erfüllen sollte, um gesunde und damit abwehrstarke Pflanzen zu erhalten.

Man setze die Pflanzen daher an den von ihnen gewünschten Standort, also Sonnenanbeter wie Paprika oder Gurken an einen vollsonnigen Ort mit guter, nahrhafter Erde. Andere Gewächse lieben einen eher kargen Standort mit steinigem oder sandigem Boden. Hierzu gehören viele Wildblumen wie Natternkopf oder Karthäusernelke. Sie würden in nährstoffreicher Erde hauptsächlich ins Kraut schießen und nur wenige Blüten bilden.

Eine Mischkultur ist einer Monokultur vorzuziehen: Einerseits verteilen sich die Schnecken auf die unterschiedlichen Pflanzen, zum anderen stärken sich günstige Nachbarn gegenseitig und fördern gesundes Wachstum. Einer Mischkulturtabelle entnimmt man, wer sich mit wem am besten verträgt.

Ausnahmsweise kann man Kresse, Senf oder Tagetes als ablenkendes »Schneckenfutter« reihenweise zwischen die Pflanzen sähen und den wertvollen Kulturen auf diese Weise dabei helfen, die Zeit bis zum »Erwachsenwerden« zu überstehen. Allerdings locken diese von Schnecken besonders geliebten Pflanzen zusätzlich Schnecken an, deshalb sollte man sie wieder entfernen, wenn die Jungpflanzen groß genug sind.

Optimale Nährstoffversorgung

Optimal mit Nährstoffen versorgte Pflanzen sind gesünder und stärker als schlecht versorgte Pflanzen und dadurch für Schnecken weniger interessant. Deshalb ist es sinnvoll, über den Nährstoffbedarf seiner Gartenpflanzen Erkundigungen

einzuholen. Stark zehrende Pflanzen mit sehr hohem Nährstoffbedarf wie Tomaten, Kohl-Arten oder Kürbisse sollten schon
bei der Vorkultur im Gewächshaus nach dem ersten Pikieren
in gehaltvolle Erde gesetzt werden. So verhindert man einen
schwächlichen Wuchs der Pflanzen und Anfälligkeit gegenüber
Gartenschädlingen, wozu in diesem Fall auch die Nacktschnecken zählen. Alle benötigten Nährstoffe sind in reifem Kompost
enthalten und es reicht vollkommen, wenn ein paar Hände voll
gesiebte Komposterde unter die Pflanzerde gemischt werden.

Richtig düngen

○ Zur Nährstoffversorgung und Bodenverbesserung eignen
  sich reifer Kompost, Mistkompost, Humus, Rindenhumus,
  Gesteinsmehl, Tonmehl, Gründüngung sowie Kräuterjau-
  chen, Letzteres für Pflanzen mit sehr hohem Nährstoffbedarf
  als Startdüngung.

○ Mist vom Bauern ist zwar gut für unsere stark zehrenden
  Gartenpflanzen, leider lockt er auch Schnecken in Massen
  an. Man sollte frischen Mist daher kompostieren, bevor man
  ihn auf die Beete gibt. Hierbei dann bitte nicht vergessen,
  den entstandenen Kompost schon im Spätsommer umzuset-
  zen (siehe Seite 64), damit er frei von Schneckeneiern bleibt!
  Garer Kompost kann – gut abgedeckt – gelagert werden,
  damit er auch in anderen Jahreszeiten zur Verfügung steht.

○ Leichte Böden verbessert man mit Tonmehl, in schwere Böden können Gesteinsmehl oder Sand eingearbeitet werden.

○ Meiden sollte man alle mineralischen Dünger, da durch ihren
  Einsatz das reinste Kraftfutter für Schnecken entsteht. Durch
  übertriebene Stickstoffzufuhr wachsen die Pflanzen zu sehr
  ins Kraut. Es entsteht weiches, plasmareiches Gewebe, welches von den Schnecken besonders gerne gefressen wird.

Düngen mit Kräuterjauche

Wildkräuter wachsen in jedem Garten und müssen nach dem Jäten sinnvoll entsorgt werden. Einen Teil von ihnen können wir in Wasser aufsetzen. Am bekanntesten ist hier sicher die Brennnessel, die zu Jauche vergoren einen kräftigen Dünger ergibt. Als Behältnisse zum Ansetzen der Jauche eignen sich am besten Plastik- oder Steingutgefäße.

Ein Zuviel an Stickstoff jedoch, wie es in frischer Jauche enthalten ist, macht Pflanzen anfällig und damit für Schnecken interessant. Auch lockt der modrige Geruch die Schnecken in Massen an.

Daher sollte man Jauche aus Kräutern so lange gären lassen, bis sie geruchlos geworden ist. Sie ist dann zwar weniger gehaltvoll als im gärenden – und stinkenden! – Zustand, kann dafür jedoch eingesetzt werden, ohne dass es die Schnecken bemerken. Die Jauche braucht nur noch leicht verdünnt werden und wirkt als mäßig stickstoffreicher Dünger stärkend auf die meisten unserer Gartenpflanzen.

Gründüngung

Bodenverbessernd und damit pflanzenstärkend wirkt sich auch eine Gründüngung aus. Die Gründünger-Pflanzen werden meist als Vor- oder Nachkultur einer bestimmten Pflanzenart großflächig auf die Beete gesät. Die Pflanzen lockern den Boden tiefgründig und versorgen ihn nach ihrem Absterben mit wertvollem, organischen Material.

Bei einem Schneckenproblem sollte man hierbei jedoch einige wichtige Punkte beachten:

○ Da dichte geschlossene Bestände mit Gründünungspflanzen auch Tummelplätze für Schnecken sind, sollte man vor allem auf eine Frühlings-Vorkultur mit Gründüngung verzichten.

○ Als herbstliche Gründüngung wähle man Pflanzen, die von Schnecken gemieden werden, wie Weißklee, Phacelia (Bienenfreund) oder Feldsalat. Man achte jedoch darauf, nicht zu dicht zu säen, damit noch etwas Luft zwischen den Pflanzen bleibt. Der winterharte Feldsalat wird im kommenden Frühjahr abgeschnitten und kompostiert. Ein Einarbeiten in den Boden kommt den unterirdisch lebenden Schnecken zugute und sollte daher vermieden werden.

○ Auf Gelbsenf sollte generell verzichtet werden, da dieser zu den Lieblingspflanzen vieler Schnecken gehört.

Richtig gießen

○ Abendliches Gießen oder gar großflächiges Bewässern macht zwar vor allem an heißen Tagen Freude, sollte jedoch bei übermäßig vielen Schnecken im Garten absolut tabu sein. Die nachtaktiven Feuchtlufttiere freuen sich, wenn ihnen der Gärtner durch abendliches Gießen den roten Teppich – in Form eines angenehm feuchten Untergrundes – auslegt und fallen als Folge besonders zahlreich über seine Beete her. Finden sie jedoch einen gut abgetrockneten Boden vor, wird ihr Bewegungsspielraum – auch während der Nacht – rigoros eingeschränkt. Man sollte also möglichst früh am Morgen gießen, damit der Boden bis zum Abend wieder abgetrocknet ist.

○ Gezieltes Wässern ist außerdem dem flächigen Gießen oder gar einem Beregnen mit dem Sprinkler vorzuziehen. Man gießt das Wasser am besten direkt in den Wurzelbereich der Pflanzen. Bewährt haben sich auch Tontöpfe oder andere Gefäße mit einem kleinen Abflussloch, die man im Wurzelbereich der Pflanzen eingräbt. In diese gibt man dann beim Gießen das Wasser, das so ganz allmählich versickern kann. Daneben kann man auch Gummischläuche, in die man zuvor kleine Löcher geschnitten hat, knapp unter der Erdoberfläche eingraben. Wenn man die Enden aus der Erde herausragen lässt, kann hier jederzeit problemlos Wasser nachgefüllt werden.

Trockenheitsresistente Pflanzen

Wenn der Erdboden rund um eine Pflanze trocken ist, wird diese von Schnecken wesentlich schlechter gefunden. Ein feuchter Boden dagegen zieht Schnecken aller Art magisch an. Auch wenn es sich erst einmal unglaubwürdig anhört, ist es möglich, unsere Pflanzen so zu »erziehen«, dass sie mit geringen Wassergaben auskommen und der Boden deshalb öfter mal trocken bleiben kann.

Nach dem Motto »Was Hänschen nicht gelernt hat, lernt Hans nimmermehr« sollte man es vermeiden, frisch gesetzte Pflanzen von Anfang an zu häufig zu gießen. Hier ist Fingerspitzengefühl gefragt und eine gute Beobachtungsgabe. Wenn wir es schaffen, unsere Pflanzenkinder mit einer möglichst geringen zusätzlichen Wassergabe »groß zu bekommen«, ertragen diese in Zukunft auch Trockenzeiten besser. Ein Grund hierfür ist wohl das weit verzweigte Wurzelsystem, welches Pflanzen bilden, die selten gegossen werden: Dieses lässt sie auch während längerer Trockenperioden wesentlich länger überleben als ihre wasserverwöhnten Artgenossen.

Eine Grundregel lautet hier: Lieber einmal tiefgründig wässern statt mehrmals nur oberflächlich!

Schneckenarmer Gartenboden

Auch Maßnahmen bei der Bodenbearbeitung können gegen übermäßig viele Schnecken im Garten helfen. Sie richten sich vor allem gegen diejenigen Schneckenarten, die überwiegend unter der Erde zu Hause sind, wie die Ackerschnecken und die schwarzgefärbten Garten-Wegschnecken.

Das Tückische an diesen Schneckenarten ist zweifellos ihr unauffälliges Dasein im Verborgenen, wodurch wir sie nur sehr selten zu Gesicht bekommen. Nur bei regnerischem Wetter wagen sich die Erdbewohner auch tagsüber an die Oberfläche und versetzen ahnungslose Gartenfreunde durch ihr plötzliches Erscheinen regelmäßig in Angst und Schrecken. Doch auch in diesem Fall gilt: Unbedingt Ruhe bewahren! Erst einmal überlegen, was zu tun ist und dann eiskalt zum Gegenschlag ausholen. Nein, nicht mit der Gartenschaufel, sondern mit Hacke, Krail und Rechen!

Graben, lockern, hacken

Unterirdisch lebende Scheckenarten sind in der Tat besonders schwer in den Griff zu bekommen. Tage- oder gar wochenlang scheint Ruhe im Garten zu herrschen. Die Pflanzen wachsen und gedeihen. Doch dann, vom einen auf den anderen (Regen-) Tag, werden komplette Pflanzenbestände vernichtet. Fraßspuren an hässlich aus dem Boden ragenden, letzten Pflanzengerippen zeigen uns, dass hier Schnecken ganze Arbeit geleistet haben.

Wenigstens wissen wir in solch einem Fall, dass im Boden lebende Ackerschnecken die Übeltäter gewesen sind. Nur diese Arten treten so plötzlich und so massenhaft auf. Kaum zu glauben, dass in unserem Gartenboden eine so große Anzahl Nacktschnecken einen Unterschlupf findet. Die Oberfläche scheint makellos und für Schnecken undurchdringlich zu sein.

Die Wahrheit sieht leider anders aus. Ackerschnecken leben teilweise in Bodentiefen von bis zu 30 Zentimetern. Sie nutzen jeden noch so kleinen Spalt, um sich im Boden zu verkriechen und ernähren sich dort von Wurzeln, Knollen und abgestorbenem Pflanzenmaterial. Und da wären wir schon bei der ersten wichtigen Regel, die man bei der Bekämpfung der Ackerschnecken einhalten sollte:

Kein abgestorbenes Pflanzenmaterial in den Boden einarbeiten!

Vor allem biologisch arbeitende Gärtner machen das sehr gerne, da sich die untergegrabenen Pflanzen sehr bald in fruchtbare Erde verwandeln, was unseren Pflanzen eigentlich nur nutzen soll. Leider kommt diese »Fütterung« jedoch auch den in der Erde lebenden Schnecken zugute, deren Nahrung zu einem Großteil aus eben diesem halbverrotteten Pflanzenmaterial besteht. Zusätzlich bilden sich durch die eingegrabenen

Pflanzenteile Hohlräume in den oberen Erdschichten, welche den Schnecken als großzügige Behausungen dienen.

Womit wir schon bei Regel Nummer 2 wären:

Den Boden so oft wie möglich auflockern und hacken!

Durch häufiges Hacken und Lockern verfeinern wir die Krümelstruktur des Bodens und glätten die Oberfläche unserer Beete, was für die unterirdisch lebenden Schnecken fatale Folgen hat: Sie finden keine Ritzen und Spalten mehr und müssen sich ein neues Zuhause suchen.

Von großer Wichtigkeit sind auch die Gartengeräte, mit denen der Boden gelockert wird. Als am günstigsten hat sich die Hacke mit zwei Zinken herausgestellt. Sie ist handlich, sodass man auch gut um vorhandene Pflanzen herumkommt, ohne diese zu verletzen. Krail, Rechen und Sternhacke sind ebenfalls geeignet, um den Boden fein krümelig zu lockern und dabei Risse und Spalten zu vermeiden.

Nicht zu empfehlen ist dagegen eine Lockerung mit dem Sauzahn, da dieser tiefe Furchen und Spalten hinterlässt: ideale Schneckenunterkünfte! Sowohl beim Umgraben mit dem Spaten als auch beim tiefen Lockern mit der Grabegabel entstehen

mehr oder weniger tiefe Bodenspalten, welche Schnecken als Unterschlupf sowie zur Eiablage dienen könnten.

Regel Nummer 3 lautet daher:

Eine tiefe Lockerung des Bodens immer erst im Herbst nach den ersten Frösten vornehmen!

Der Grund für diese Regel besteht darin, dass um diese Zeit, also etwa ab Ende November, die Eiablage der Schnecken beendet ist. Beim tiefen Lockern oder Umgraben können vorhandene Schneckeneier gefunden und an die Oberfläche befördert werden. Der Frost oder hungrige Vögel werden sich ihrer annehmen, feste, klebrige Erdschollen werden außerdem vom kräftigen Durchfrieren etwas lockerer.

Wer Hühner hat, lässt diese gleich nach dem Lockern oder Umgraben auf die Beete. Mit sicherem Gespür finden sie im lockeren Erdreich jedes noch so kleine Schneckenei.

Andere Maßnahmen

Mulchen als Abwehr

Mulchen als Abwehr? Hatten wir nicht weiter oben gelesen, dass Mulchen die Schnecken im Garten fördert, weil es hervorragende Schneckenverstecke schafft und den Schnecken noch dazu Nahrung in Form von halbverrottetem Pflanzenmaterial bietet?

Ja, das stimmt zwar allgemein, für einige Mulchmaterialien gibt es aber Ausnahmen. Beachten wir einige Punkte, können wir mithilfe von Mulch Schnecken sogar fernhalten:

Zum einen darf die Mulchschicht nur dünn aufgetragen werden, zum anderen darf das Material den Schnecken nicht als Nahrung dienen. Bewährt haben sich hier:

- Farnkraut,
- Fichtennadeln,
- Ringelblumen,
- Tomatenzweige,
- Schilfhäcksel (Cartalit).

Die genannten Materialien werden in dünnen Schichten zwischen den Pflanzen ausgelegt. Schnecken lieben es nicht, über stachlige Fichtennadeln oder scharfkantiges, gehäckseltes Schilf zu kriechen. Der Duft von Farnkraut und Tomatenzweigen treibt sie ebenfalls fort von den Beeten. Als zusätzlicher Schutz kann Gesteinsmehl über die Mulchschicht gestäubt werden.

Vorsicht geboten ist bei der Unterlegung von Erdbeerpflanzen mit Stroh. Auch hier sollte die Strohschicht nicht zu dick sein, da sie sonst zum idealen Schneckenquartier werden kann.

Auf dicke Schichten Grasschnitt sollte generell verzichtet werden, da diese dazu neigen, zu verkleben, und so zu einem beliebten Schneckenversteck werden.

Jauchen als Abwehr

Bei ganz bestimmten Gerüchen rümpfen viele Schnecken angewidert die Nase. Dazu gehören auch einige Pflanzenjauchen, mit denen man seine Lieblingspflanzen in verdünnter Form begießen kann. Hierdurch machen wir es den Schnecken sehr schwer, diese Pflanzen anhand ihres Geruches aufzuspüren. Solch eine schneckenabwehrende Jauche muss jedoch jeweils im Abstand von wenigen Tagen erneuert werden.

Schneckenabwehrende Jauchen

Zur Herstellung schneckenabwehrender Jauchen eignen sich:

- Tomatentriebe,
- Rhabarberblätter,
- Farnkraut,
- Begonien,
- Schwarze Johannisbeere,
- Holunder,
- Efeu,
- Lavendel,
- Wermut,
- Schafgarbe.

Die Pflanzen werden grob zerkleinert und in Wasser etwa drei Tage lang angesetzt. Im Verhältnis eins zu eins mit Wasser verdünnt, wird die Jauche über die Lieblingspflanzen gegossen. Wer sich die Mühe machen will und das Ganze durch einen Filter gibt, kann die entstandene Jauche auch mit einer Sprühflasche über den Pflanzen ausbringen.

Auch

- Moos,
- Kompost,
- zerkleinerte Tannenzapfen

können auf diese Weise verjaucht werden und halten Schnecken ebenfalls recht zuverlässig von den Pflanzen fern.

Hornkiesel

Nicht eindeutig nachweisbar ist die Wirkung von biologisch-dynamischem Hornkiesel zur Abschreckung von Schnecken im Garten.

Es gibt noch zu wenig Erfahrungsberichte, um hier zu einem eindeutigen Ergebnis zu kommen. Das biologisch-dynamische Präparat besteht aus Gesteinsmehl, das in Kuhhörner gefüllt und einen Sommer oder Winter lang in der Erde vergraben wird. Nach dieser Periode wird das Präparat der Erde entnommen und kann mit Wasser angerührt in sehr kleinen Dosen auf die Beete ausgebracht werden.

Das Präparat wird in der Regel in Wasser eingerührt und dann auf dem offenen Boden versprüht. Befürworter dieser Methode glauben, dass es von entscheidender Bedeutung ist, welche Kräfte man in das Hornkiesel-Wasser hineinrührt. Außerdem soll die Fähigkeit von Hornkiesel, die Energie des Lichtes zu sammeln und zu übertragen, den Schnecken die Botschaft vermitteln, dass hier für sie keine günstigen Lebensbedingungen herrschen. Die dunkelheitsliebenden Nachttiere suchen dieser Meinung nach daher freiwillig das Weite und wandern in Massen aus dem Garten ab.

Pflanzenhomöopathie

Das homöopathische Wirkprinzip, Ähnliches mit Ähnlichem zu heilen, ist schon alt. Die Homöopathie wurde von dem Arzt Dr. Samuel Hahnemann (1755 – 1843) gegründet, der mit seinen selbst entwickelten homöopathischen Arzneimitteln vielen Menschen seiner Zeit helfen konnte. Bei der Homöopathie werden aus Ausgangsstoffen pflanzlicher, tierischer oder mineralischer Art sogenannte Urtinkturen hergestellt, die anschließend in mehreren Schritten so stark verdünnt werden, dass der Wirkstoff kaum noch chemisch nachweisbar ist. Bei Schulmedizinern war Hahnemanns Heilmethode damals sehr umstritten, und auch heute noch ist die Homöopathie nicht vollständig anerkannt, erfreut sich jedoch großer Beliebtheit zur Behandlung vieler Leiden.

Symptome, die ein bestimmtes Arzneimittel bei einem Gesunden hervorrufen kann, waren für Hahnemann entscheidend für die richtige Zuordnung des geeigneten Mittels zum Krankheitsbild eines bestimmten Patienten. Das individuelle Krankheitsbild wird auch in der modernen Homöopathie vom Homöopathen in einem ausführlichen Gespräch aufgezeichnet und darauf aufbauend ein passender Wirkstoff ausgewählt.

Die Idee, dass homöopathische Heilmittel auch Pflanzen zu mehr Gesundheit verhelfen und dabei auch gezielt vor Schneckenfraß schützen können, ist noch relativ neu.

In diesem Zusammenhang kann zwischen homöopathischen Komplexmitteln, die aus mehreren Wirkstoffen bestehen und allgemein die Abwehr der Pflanzen stärken sollen, sowie speziellen Anti-Schneckenmitteln unterschieden werden. Weil wir die Pflanzen zur Auswahl eines geeigneten homöopathischen Arzneimittels nicht befragen können, ist die Behandlung schwierig. Wir sind auf gute Beobachtung angewiesen. Es gibt erste Erfahrungen, die jedoch nicht verallgemeinert werden sollten, da die behandelten Pflanzen nicht unter gleichen Voraussetzungen angebaut wurden.

Am ehesten versprechen komplexe Allgemeinmittel, die Pflanzen allgemein zu einer gesteigerten Abwehrkraft verhelfen sollen, Erfolg. Unumstritten ist die Tatsache, dass kerngesunde Pflanzen weit weniger von Schnecken angefallen werden als kümmerliche, geschwächte Gewächse, die für jede Schnecke ein gefundenes Fressen sind. Jedes Mittel zur Förderung der Pflanzengesundheit kommt dem Gärtner daher – auch im Kampf gegen Schneckeninvasionen – recht und verdient, begutachtet zu werden. So gibt es ein pflanzenhomöopathisches Mittel, das aus den Schneckenhäusern der Weinbergschnecke gewonnen wird. Gemäß dem Prinzip »Ähnliches mit Ähnlichem heilen« geht man hierbei mit Schnecken(-Häusern) gegen Schnecken vor. Das Mittel soll, wenn es in starker Verdünnung auf den Boden rund um die Pflanzen ausgebracht wurde, auch Nacktschnecken wirksam vergraulen. Auch hier gilt: Probieren geht über Studieren.

Nematoden

Nematoden *(Phasmarhabditis hermaphrodita)* sind winzige, mit dem Auge kaum erkennbare Fadenwürmer, die als Parasiten der Schnecken im Erdboden leben. Sie kommen ganz natürlich im Erdboden vor, man kann sie jedoch auch in Form eines Präparates zur Schneckenabwehr kaufen.

Diese Nematoden werden in einem Tonmineral geliefert. Man löst das Präparat in Wasser auf und gießt die Flüssigkeit direkt auf den Boden. Diese Methode der Schneckenabwehr richtet sich aufgrund der Lebensweise der Nematoden vorwiegend gegen unterirdisch lebende Schneckenarten wie Ackerschnecken oder Gartenwegschnecken.

Durch die Atemhöhle dringen die Nematoden in die Schnecken ein. Dort sondern sie ein Bakterium ab, welches zum Tod der Schnecke führt. Von Nematoden befallene Schnecken erkennt man an ihrem geschwollenen Mantelschild.

Wenn man bedenkt, dass die Nematoden nur etwa sechs Wochen lang wirksam sind, die schwer zu bekämpfende Spanische Wegschnecke von den Parasiten nicht oder kaum befallen wird und bei solch einer Behandlung die eigentlichen Ursachen des Schneckenproblems weder erkannt noch behoben werden, sondern lediglich an einem Symptom herumgedoktert wird, dann ist diese Methode wenig ratsam. Der langfristige Erfolg bleibt nach Anwendung dieser kostspieligen Methode leider meist aus.

Mit Schnecken kommunizieren

Über den bekannten Verhaltensforscher Konrad Lorenz (1903 – 1989) wurde gesagt, dass er mit Tieren sprechen könne. Er redete viel und oft mit Rindern, Vögeln und auch mit Fischen, von denen man sagt, sie seien stumm. Konrad Lorenz erwartete nicht, dass die Tiere ihrerseits zu ihm sprächen, sondern versuchte, sie besser zu verstehen. Eine seiner Devisen lautete: Um eine Graugans zu verstehen, muss man als Graugans unter Graugänsen leben. Auf unser Schneckenproblem im Garten übertragen, hieße das: Um eine Schnecke zu verstehen, muss man als Schnecke unter Schnecken leben.

»Nichts leichter als das!«, werden viele schneckengeplagte Gärtner nun rufen, die an feuchten Tagen häufig »allein unter Schnecken« ihrer Gartenarbeit nachgehen. Doch wie steht es mit dem Beweggrund des Verhaltensforschers, mit den Tieren nicht nur zusammen zu leben, sondern sie auch verstehen zu wollen, in unserem Fall also die Schnecken?

Beschäftigen wir uns hierfür zunächst mit einigen Lehren aus aller Welt, die sich unter anderem mit der Kommunikation zwischen Mensch und Tier befassen.

Der Schamanismus etwa sagt, dass alles miteinander verwandt ist und alles eine Seele hat, nicht nur Menschen, Tiere und Pflanzen, vielmehr sind nach Auffassung von Schamanen auch »leblose« Dinge, wie etwa Steine, beseelt und man kann jederzeit miteinander kommunizieren, solange man genügend Respekt voreinander hat. Im Kontakt mit Tieren bevorzugen viele Schamanen die Sprache der Gedanken und Bilder, wenn sie davon ausgehen, dass Tiere unsere Gedanken »hören« können.

Dies stützt Berichte von Gärtnern, die sagen, die Schnecken in ihrem Garten durch Sprechen oder auch nur bloßes Wunschdenken zu einem veränderten Fressverhalten bewegen zu können. Diese Erfahrungsberichte sollte man nicht gleich als Hokuspokus beiseiteschieben, sondern sie zum Anlass nehmen, noch etwas weiterzuforschen und weitere Lebenslehren anzusehen, um so vielleicht eine Erklärung für so manches »Schnecken-Geheimnis« zu erhalten.

So lehrt zum Beispiel der Buddhismus, dass gute Gedanken förderlich, hasserfüllte und abwertende Gedanken schwierig sind. Wenn ich dabei an die negativen Gedanken vieler Gärtner denke, die mir immer wieder über ihre Erfahrungen mit gefräßigen Schnecken berichten ... wundert es da nicht, dass die sensiblen Tiere angesichts so viel Feinseligkeit an ihrem Platz verweilen, anstatt entsetzt das Weite zu suchen? Könnte das

Denken der Schneckenhasser nicht auch noch weit schlimmere Katastrophen herbeiführen als abgefressenen Salat? Das sollten Negativ-Denker unbedingt beachten, wenn sie das nächste Mal zu Schere und Co. greifen. Andererseits können nach buddhistischer Sicht freundliche Gefühle und Gedanken gegenüber Schnecken und jedem anderen Tier im Garten viel Gutes und insgesamt einfach ein glücklicheres Leben bewirken.

Im Hinduismus sowie bei den polynesischen Ureinwohnern von Hawaii gilt als Welt, was man in Gedanken dazu macht. Sie als Gärtner haben also die Wahl, in einem friedlichen Paradies zu leben oder auf einem blutgetränkten Schlachtfeld inmitten unzähliger Schneckenkadaver, wobei es egal ist, ob diese Kadaver real sind oder nur in Ihren Gedanken existieren.

Oder Sie halten es mit Goethe, der in einem seiner Gedichte schrieb »wär nicht das Auge sonnenhaft, die Sonne könnt es nie erblicken«.

Anders ausgedrückt, ist die Welt immer auch ein Spiegel, in dem wir uns selbst spiegeln. Wünschen wir uns eine freundliche Welt, sollten wir selbst freundlich sein. Nicht nur zu uns selbst, sondern auch zu allen anderen Lebewesen. Sogar zu einer nimmersatten Wegschnecke, selbst wenn diese aus dem fernen Spanien und ohne Einreisegenehmigung in unsere Gärten eingewandert ist.

Wir kommunizieren unentwegt mit unserer Umwelt, wobei wir uns bewusst und unbewusst nicht nur auf gesprochene Worte beschränken. Spätestens an diesem Punkt unserer Überlegungen können wir uns mit der viel zitierten »Macht der Gedanken« befassen. Schließlich ist der Gedanke auch der »Urvater« jedes gesprochenen Wortes, da jedes Wort, das wir sprechen, zunächst als Gedanke und inneres Bild vorhanden ist.

Also doch Wunscherfüllung durch entsprechende Gedanken? Man teilt den Schnecken einfach seine Wünsche per

Gedankenübertragung mit und – Voilà! – sie werden augenblicklich erfüllt? Handelt es sich bei dieser Theorie um eine Modeerscheinung ohne Hand und Fuß oder ist die Idee, die Gedanken zu nutzen, um besonders viel »Gutes« ins Leben zu ziehen oder »Schlechtes« daraus fernzuhalten, nicht doch eine bereits sehr alte Methode, das Leben aktiv zu gestalten?

Zwar wurde eine Welle der Begeisterung für positives Denken im Jahre 1962 losgetreten, als Joseph Murphey sein Buch »Die Macht Ihres Unterbewusstseins« veröffentlichte, doch findet jeder, der etwas genauer hinschaut, ähnliche Gedanken bereits in einer weitaus älteren Veröffentlichung: Im Neuen Testament steht bei Matthäus 21, 22 »Und alles, was ihr bittet im Gebet, so ihr glaubet, werdet ihr's empfangen«. Und bei Markus 11, 24 steht geschrieben »Alles, worum ihr betet und bittet – glaubt nur, dass ihr es schon erhalten habt, dann wird es euch zuteil«.

Stellt sich die Frage, ob Schnecken bibelfest sind oder ihr hauptsächlicher »Lebenszweck« doch darin besteht, möglichst viel saftiges Grünzeug zu sich zu nehmen, um ein langes und erfülltes Leben zu leben. Auch haben Schnecken und Gärtner vermutlich sehr unterschiedliche Wünsche bezüglich der Gestaltung und Schönheit eines Gartens.

Eingeschworene »Wunschapostel« werden vielleicht sagen, dass sich grundsätzlich alles, was wir uns vorstellen können, über kurz oder lang auch in unserem Leben manifestiert. »Visualisierung« heißt hier das Zauberwort: Man entwerfe vor dem inneren Auge einen paradiesischen Garten mit gezähmten Schnecken, die brav unerwünschte Beikräuter und nur hin und wieder einmal ein überzähliges Salatblatt verzehren und ansonsten kaum in Erscheinung treten, sodass Schnecken und Menschen einträchtig und in vollendeter Harmonie nebeneinander und miteinander leben können.

Was ist gegen derartige Gedanken, ob sie nun helfen oder nicht, einzuwenden, denkt der tolerante Gärtner nun vielleicht. Doch Vorsicht! Denn spätestens jetzt begibt sich der allzu fantasievolle Visionär mit dem Hilfsmittel der Visualisierung auf das Terrain einer weit älteren Tradition – der Magie. Bereits im Mittelalter bedienten sich Hexen und Magier ihrer Vorstellungskraft, um das Unmögliche möglich zu machen, nicht selten von Erfolg gekrönt, so wissen wir aus Überlieferungen. Und wer mag schon entscheiden, wo Wissenschaft endet und Magie beginnt?

Vielleicht sind wir erst am Anfang einer Erforschung der tieferen Verständigung zwischen Schnecke und Mensch, und ich mag mich auch nicht dagegen oder dafür entscheiden, das »Gespräch« – ob mit oder ohne Worte – mit Schnecken zu suchen, sondern plädiere dafür, Schnecken als das zu sehen, was sie in jedem Fall sind: überaus interessante Tiere, die ihren Platz auch in unserem Garten verdient haben und denen man – auch im Sinne der Lieblingspflanzen des Gärtners – gar nicht genug Interesse und Aufmerksamkeit entgegenbringen kann. Gegen ein freundliches »Hallo« oder »Grüß Gott« beim Anblick einer Schnecke ist daher auf keinen Fall etwas einzuwenden. Gute Stimmung und der Blick in zufriedene Schneckengesichter sind dem Gärtner dabei in jedem Fall gewiss.

Schneckenalarm im Garten?
Das Erste-Hilfe-Programm

Eine plötzliche Schneckeninvasion ist kein Grund zum Verzweifeln – nur Mut! Langfristig wirkende Maßnahmen brauchen Zeit und Geduld. Bis das Ziel eines schneckenberuhigten Gartens erreicht ist, gibt es einige Maßnahmen mit sofortiger Wirkung:

- Schnecken frühmorgens (oder nachts) absammeln und im Wald aussetzen.

- Einfache Schneckenzäune und -kragen schützen gefährdete Beete oder Einzelpflanzen recht zuverlässig, wenn man die Schnecken innerhalb der Umzäunung zusätzlich unter bereitgestellten Unterschlüpfen absammelt.

- Gesteinsmehl, Sägemehl oder Sand, großzügig um gefährdete Pflanzen gestreut, bietet vorübergehend Schutz vor einem massiven Angriff der Schnecken.

- Verdünnten Kaffee auf den Gartenboden rund um gefährdete Pflanzen sprühen.

- Duftendes Gel oder Granulat auf der Basis von natürlichen Fettsäuren ausbringen.

- Nur am Morgen und gezielt wässern!

- Flache Wasserstellen überall im Garten verteilen. Den Fraßfeinden der Schnecken hilft Wasser beim Verzehr der schleimigen Beutetiere.

- Ab sofort auf mineralischen Dünger verzichten!

- Mit schneckenabwehrendem Material (Farnkraut, Fichtennadeln, Ringelblumen, Tomatenzweigen) dünn um die Pflanzen herum mulchen oder mit abwehrender Jauche (aus Tomatentrieben, Rhabarberblättern, Farnkraut, Begonien, Schwarzer Johannisbeere, Holunder, Moos) gießen.

- Den Boden zwischen den Pflanzen so oft wie möglich lockern und glatt harken!

- Dichte Pflanzungen ein wenig auslichten, damit zwischen den Pflanzen Sonne und Licht auf den Boden fallen kann!

Die Autorin

Sofie Meys, Jahrgang 1964, betreibt das erfolgreiche Online-Gartenmagazin www.gartenwelt-natur.de, das sich Gartenfach-fragen und -antworten widmet. Seit 2003 ist Sofie Meys als freie Autorin und Journalistin tätig. Seit 2013 veröffentlicht sie als Buchautorin zudem Romane unter verschiedenen Pseudo-nymen. Ihr Interesse gilt vor allem dem ökologischen Gärtnern und dem Naturschutz. Ihre Liebe zur Natur fließt auch in all ihre Werke mit ein. 2016 ging zudem bei Facebook ihre eigene Seite mit dem Titel »Autoren aus Liebe zur Natur« an den Start. In ihrem großen Haus auf dem Lande kreiert sie darüber hinaus auch ausgefallene Deko-Objekte für den Garten.

Im pala-verlag sind von Sofie Meys außer diesem Buch die Titel »Lebensraum Trockenmauer« und »Köstliche Zwiebel-küche« erschienen. Die Autorin lebt mit ihrer Familie im »Windecker Ländchen« im Süden von Nordrhein-Westfalen.

Die Illustratorin

Renate Alf, Jahrgang 1956, machte eine Ausbildung als Lehrerin für Biologie und Französisch. Seit 1983 ist sie als Cartoonistin tätig und durch ihre Bücher sowie regelmäßig erscheinende Cartoons in vielen Tageszeitungen und Zeitschriften einem breiten Publikum bekannt. Renate Alf hat vier erwachsene Kinder und eine Enkeltochter.

Im pala-verlag sind neben diesem Buch die Titel »Vollwert-Näschereien«, »Zucchini«, »Vegetarisch grillen«, »Köstliche Kürbis-Küche«, »Das Buch vom guten Pfannkuchen«, »Spargelzeit!«, »Erbsenalarm!« und »Teenager auf Veggiekurs« mit Cartoons von Renate Alf erschienen. Außerdem hat sie zahlreiche Bücher im Herder-Verlag (Freiburg) und bei Lappan (Oldenburg) veröffentlicht.

Mehr über Renate Alf: www.renatealf.de

Weiterführendes

Bücher

Bell, Graham: **Der Permakultur-Garten.**
Anbau in Harmonie mit der Natur; pala-verlag

Benjes, Hermann: **Die Vernetzung von Lebensräumen
mit Benjeshecken;** Natur & Umwelt Verlag

Buholzer, Theres: **Schneckenleben;** Patmos Verlag

Clauss, Bjoern / Vogel-Reich, Alexandra: **Laufenten.**
Das Buch zur Ente; Selbstverlag

Erckenbrecht, Irmela: **Die Kräuterspirale.**
Bauanleitung • Kräuterporträts • Rezepte; pala-verlag

Erckenbrecht, Irmela: **Wie baue ich eine Kräuterspirale?**
Leitfaden für die Gartenpraxis; pala-verlag

Faßmann, Natalie: **Beinwelljauche, Knoblauchtee & Co.**
Pflanzenauszüge zum Düngen und Stärken; pala-verlag

Faßmann, Natalie: **In die Falle gegangen.** Pflanzenschutz
mit Gelbtafel, Leimgürtel, Schutznetz & Co.; pala-verlag

Günzel, Wolf Richard: **Der igelfreundliche Garten.**
So machen Sie Ihren Garten zum Paradies (nicht nur) für
Igel; pala-verlag

Günzel, Wolf Richard: **Lebensräume schaffen.**
Wildtiere in Haus und Garten; pala-verlag

Kleinod, Brigitte: **Das Hochbeet.** Vielfältige Gestaltungsideen
für Gemüse-, Kräuter- und Blumengärten; pala-verlag

Kreuter, Marie-Luise: **Der Biogarten;** BLV Buchverlag

Lohrer, Thomas: **Marienkäfer, Glühwürmchen,
Florfliege & Co.** Nützlinge im Garten; pala-verlag

Maute, Christiane: **Homöopathie für Pflanzen.**
Ein praktischer Leitfaden für Zimmer-, Balkon- und
Gartenpflanzen; Narayana Verlag

Neumeier, Monika: **Igel in unserem Garten;** Kosmos Verlag

Susanne Sailer: **Pflanzen, die Schnecken mögen oder
meiden sowie Abwehrtipps gegen Schnecken.**
Die ökologische Lösung des Schneckenproblems,
Gartenspaß statt Schneckenfraß; Selbstverlag Susanne Sailer

Unterweger, Ursula und Wolf-Dietmar: **Das Hühnerbuch.**
Praxisanleitungen zur Haltung »glücklicher Hühner«;
Leopold Stocker Verlag

Witt, Reinhard: **Wildpflanzen für jeden Garten.**
BLV Buchverlag

Zindler, Kathrin / Wieringer, Stefanie:
Die Schnecken-Werkstatt (Lernmaterialien);
Verlag an der Ruhr

Zeitschriften

Bioterra
Gärtnern • Gestalten • Geniessen
Bioterra Schweiz, Zürich

kraut&rüben
Magazin für biologisches Gärtnern und naturgemäßes Leben
dlv Deutscher Landwirtschaftsverlag, München

Winke für den Biogärtner
Benediktinerinnenabtei zur Hl. Maria, Fulda

Natürlich gärtnern & anders leben
OLV Organischer Landbau Verlag, Kevelaer

Nützliche Adressen

Naturgarten e. V.
Verein für naturnahe Garten- und Landschaftsgestaltung
Kernerstraße 64
74076 Heilbronn
www.naturgarten.org

Bioterra
Dubsstrasse 33
8003 Zürich
Schweiz
www.bioterra.ch

Verein zur Erhaltung der Nutzpflanzenvielfalt e. V.
Geschäftsstelle c/o Barbara Féret
Mondrianplatz 11
36041 Fulda
www.nutzpflanzenvielfalt.de

Verein Arche Noah
Gesellschaft für die Erhaltung der
Kulturpflanzenvielfalt & ihre Entwicklung
Obere Straße 40
3553 Schiltern
Österreich
www.arche-noah.at

ProSpecieRara
Schweizerische Stiftung für die kulturhistorische
und genetische Vielfalt von Pflanzen und Tieren
Unter Brüglingen 6
4052 Basel
Schweiz
www.prospecierara.ch

www.gartenwelt-natur.de
Online-Gartenmagazin für ökologisches Gärtnern
von Sofie Meys

www.weichtiere.at
Informationen über Weichtiere, darunter Schnecken,
von Robert Nordsieck

Informationen über Laufenten

Bruno Stubenrauch
Danziger Straße 16
86167 Augsburg
www.laufenten.de

Bjoern Clauss
Edmühle
83564 Soyen
www.laufis.de

Bezugsquellen

Schneckenzäune, Schneckenkragen,
Granulat und mehr zur Schneckenabwehr –
sowie allgemeiner Gartenbedarf

snoek Naturprodukte GmbH
Tannenweg 10
27356 Rotenburg / Wümme
www.snoek-naturprodukte.de

Bioland Hof Jeebel
Biogartenversand OHG
Jeebel 17
29410 Salzwedel OT Jebel
www.biogartenversand.de

Dipl.-Ing. Nicola Krämer
Lister Damm 13
30163 Hannover
www.schneckenzaun.com

Manufactum
Hiberniastraße 5
45731 Waltrop
www.manufactum.de

Keller GmbH & Co. KG
Konradstraße 17
79100 Freiburg
www.biokeller.de

JH Naturrein Biogarten GmbH
Fohrafeld 11
3233 Kilb
Österreich
www.naturrein-bio.at

Nematoden und Pflanzenstärkung

re-natur GmbH
Charles-Roß-Weg 24
24601 Ruhwinkel
www.re-natur.de

F. Schacht GmbH & Co. KG
Bültenweg 48
38106 Braunschweig
www.schacht.de

Niem-Handel Gerald Moser
Waldstraße 3
64579 Gernsheim
www.niem-handel.de

Sautter & Stepper GmbH
Rosenstraße 19
72119 Ammerbuch
www.nuetzlinge.de

Narayana Verlag GmbH
Blumenplatz 2
79400 Kandern
www.narayana-verlag.de

Andermatt Biogarten AG
Stahlermatten 6
6146 Grossdietwil
Schweiz
www.biogarten.ch

Versandgärtnereien

Kräuter-Simon – Kräuter, Duftpflanzen und Raritäten
Strengweg 1 (Efkebüll)
25842 Langenhorn
www.kraeuter-simon.com

Rühlemann's Kräuter & Duftpflanzen
Auf dem Berg 2
27367 Horstedt
www.kraeuter-und-duftpflanzen.de

Dreschflegel GbR
In der Aue 31
37213 Witzenhausen
www.dreschflegel-saatgut.de

Ahornblatt GmbH
Untere Zahlbacher Straße 1 a
55131 Mainz-Zahlbach
www.ahornblatt-garten.de

Kräuter- und Wildpflanzen-Gärtnerei Strickler
Lochgasse 1
55232 Alzey
www.gaertnerei-strickler.de

Bingenheimer Saatgut AG
Ökologische Saaten
Kronstraße 24
61209 Echzell-Bingenheim
www.bingenheimersaatgut.de

Blauetikett-Bornträger GmbH
In den Aspen
67591 Offstein
www.blauetikett.de

Hof Berg-Garten
Lindenweg 17
Großherrischwand
79737 Herrischried
www.hof-berggarten.de

Staudengärtnerei Gaißmayer GmbH & Co. KG
Jungviehweide 3
89257 Illertissen
www.gaissmayer.de

Bio-Saatgut Gaby Krautkrämer
Weingartenstraße 58
97252 Frickenhausen am Main
www.bio-saatgut.de

Reinsaat KG
3572 St. Leonhard am Hornerwald 69
Österreich
www.reinsaat.at

Voitsauer Wildblumensamen
Voitsau 8
3623 Kottes-Purk
Österreich
www.wildblumensaatgut.at

Sativa Rheinau AG
Klosterplatz 1
8462 Rheinau
Schweiz
www.sativa-rheinau.ch

Nisthilfen

Deutsche Wildtier Stiftung
Christoph-Probst-Weg 4
20251 Hamburg
www.deutschewildtierstiftung.de

Vivara Naturschutzprodukte
Kaiserswerther Straße 115
40880 Ratingen
www.vivara.de

Schwegler Vogel- und Naturschutzprodukte GmbH
Heinkelstraße 35
73614 Schorndorf
www.schwegler-natur.de

Fantastisch vegetarisch

Sofie Meys:
Köstliche Zwiebelküche
ISBN: 978-3-89566-192-1

Jutta Grimm:
Brotaufstriche selbst gemacht
ISBN: 978-3-89566-248-5

Anja Völkel:
Quinoa – Korn der Anden
ISBN: 978-3-89566-350-5

Wolfgang Hertling:
Kochen mit Hirse
ISBN: 978-3-89566-260-7

Bücher mit Cartoons von Renate Alf

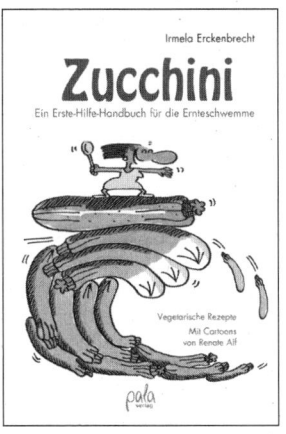

Irmela Erckenbrecht:
Zucchini
ISBN: 978-3-89566-346-8

Irmela Erckenbrecht:
Teenager auf Veggiekurs
ISBN: 978-3-89566-321-5

Irmela Erckenbrecht:
Erbsenalarm!
ISBN: 978-3-89566-201-0

Klaus Weber:
Das Buch vom guten Pfannkuchen
ISBN: 978-3-89566-349-9

Lebensraum Garten

Natalie Faßmann:
Auf gute Nachbarschaft
ISBN: 978-3-89566-257-7

Erhard Maria Klein:
Die Bienenkiste
ISBN: 978-3-89566-309-3

Wolf Richard Günzel:
Das Insektenhotel
ISBN: 978-3-89566-300-0

Brigitte Kleinod:
Das Hochbeet
ISBN: 978-3-89566-261-4

Garten im Gleichgewicht

Natalie Faßmann:
In die Falle gegangen
ISBN: 978-3-89566-288-1

Natalie Faßmann:
Beinwelljauche, Knoblauchtee & Co.
ISBN: 978-3-89566-312-3

Dettmer Grünefeld:
Das Mulchbuch
ISBN: 978-3-89566-218-8

Agnes Pahler:
Das Kompostbuch
ISBN: 978-3-89566-315-4

Gesamtverzeichnis bei:
pala-verlag gmbh • Postfach 11 11 22 • 64226 Darmstadt • www.pala-verlag.de

ISBN: 978-3-89566-322-2
5. überarbeitete Auflage 2016
© 2007: pala-verlag, Rheinstraße 35, 64283 Darmstadt
www.pala-verlag.de

Lektorat: Angelika Eckstein
Umschlag- und Innenillustrationen: Renate Alf

Druck: Druckhaus Nomos, Sinzheim
www.nomos-druck.de
Printed in Germany

Dieses Buch ist auf Papier
aus 100 % Recyclingmaterial gedruckt.